静脉输液港植入
新技术及临床应用

JINGMAI SHUYEGANG ZHIRU
XIN JISHU JI LINCHUANG YINGYONG

主　审　汪森明
主　编　胡丽娟　黄敏清
副主编　李洪胜　徐　泰　尹国文　李　丹

中山大学出版社
SUN YAT-SEN UNIVERSITY PRESS
·广州·

版权所有　翻印必究

图书在版编目（CIP）数据

静脉输液港植入新技术及临床应用/胡丽娟，黄敏清主编. —广州：中山大学出版社，2021.5

ISBN 978-7-306-07173-6

Ⅰ.①静… Ⅱ.①胡… ②黄… Ⅲ.①静脉注射—医疗器械—研究 Ⅳ.①TH789

中国版本图书馆 CIP 数据核字（2021）第 054697 号

JINGMAI SHUYEGANG ZHIRU XIN JISHU JI LINCHUANG YINGYONG

| 出 版 人：王天琪
| 策划编辑：邓子华
| 责任编辑：邓子华
| 封面设计：曾　斌
| 责任校对：梁嘉璐
| 责任技编：何雅涛
| 出版发行：中山大学出版社
| 电　　话：编辑部 020-84110771，84113349，84111997，84110779
| 发行部 020-84111998，84111981，84111160
| 地　　址：广州市新港西路 135 号
| 邮　　编：510275　　传　真：020-84036565
| 网　　址：http://www.zsup.com.cn　E-mail：zdcbs@mail.sysu.edu.cn
| 印 刷 者：广东虎彩云印刷有限公司
| 规　　格：787mm×1092mm　1/16　14.75 印张　360 千字
| 版次印次：2021 年 5 月第 1 版　2024 年 8 月第 5 次印刷
| 定　　价：78.00 元

如发现本书因印装质量影响阅读，请与出版社发行部联系调换

本书编委会

主　审　汪森明
主　编　胡丽娟　黄敏清
副主编　李洪胜　徐　泰　尹国文　李　丹
编　者（按姓氏汉语拼音顺序）
　　　　蔡瑞卿（中山大学肿瘤防治中心）
　　　　陈香华（广东省人民医院）
　　　　崔　瑾（南方医科大学珠江医院）
　　　　邓国羽（南方医科大学珠江医院）
　　　　范苑林（梅州市人民医院）
　　　　甘华秀（南方医科大学珠江医院）
　　　　葛　梅（南方医科大学珠江医院）
　　　　龚文静（广州市荔湾中心医院）
　　　　管玉婷（梅州市人民医院）
　　　　郭丹娜（南方医科大学珠江医院）
　　　　韩国栋（广州医科大学附属肿瘤医院）
　　　　何伟星（广州医科大学附属肿瘤医院）
　　　　胡丽娟（南方医科大学珠江医院）
　　　　黄　鹤（南方医科大学珠江医院）
　　　　黄敏清（广东省人民医院）
　　　　江　群（四川省肿瘤医院）
　　　　姜　明（广州医科大学附属肿瘤医院）
　　　　黎燕红（中山大学附属第六医院）
　　　　李　丹（南方医科大学珠江医院）
　　　　李洪胜（广州医科大学附属肿瘤医院）
　　　　刘　灏（南方医科大学南方医院）
　　　　陆　游（江苏省肿瘤医院）
　　　　秦　英（四川省肿瘤医院）
　　　　沈　琼（南方医科大学珠江医院）
　　　　石思梅（中山大学肿瘤防治中心）
　　　　谭天宝（广州市妇女儿童医疗中心）
　　　　汪嬿如（南方医科大学珠江医院）

王　影（广东省人民医院）
王华摄（中山大学附属第六医院）
吴　钢（南方医科大学珠江医院）
吴　红（南方医科大学珠江医院）
伍柳红（中山大学肿瘤防治中心）
辛明珠（中山大学肿瘤防治中心）
徐　敏（广州医科大学附属肿瘤医院）
徐　泰（梅州市人民医院）
叶俊文（中山大学附属第六医院）
尹国文（江苏省肿瘤医院）
余　辉（江苏省肿瘤医院）
余　艳（南方医科大学珠江医院）
曾国斌（梅州市人民医院）

前　　言

植入式静脉输液港（implantable venous access port）也被称为完全植入式静脉输液装置（implantable venous access devices），是一种埋藏于皮下组织中的、可长期留置的植入式中心静脉通路装置。它适用于在一个时期内需要重复进行化疗、输血、营养支持或血样采集的患者，是目前公认的安全、有效的输液方法。

本书通过回顾血管通路装置的发展史，详尽介绍了超声引导技术、数字减影血管造影技术、导管尖端心腔内电图导管定位技术、放射影像导管定位技术、超声心动图导管定位技术等在输液港植入术中的应用，超声彩色多普勒技术在导管相关性血栓检查中的应用等内容，分析、汇总静脉输液港植入的临床适应证，具体介绍静脉输液港护理管理及质控管理，对临床医疗护理工作具有较强的指导性和实用性。

本书全方位、多角度介绍了各种静脉输液港植入术，如锁骨下静脉输液港植入术、经颈内静脉输液港植入术、上臂静脉输液港植入术、股静脉输液港植入术、儿童静脉输液港植入术、静脉输液港取出术等临床操作流程及实践技巧，汇聚了静脉输液港的新理论、新技能和新理念。本书图文并茂，层次分明，直观易懂，编写方法科学、严谨，内容新颖、实用，知识系统、全面。

本书由 40 位三甲医院的医疗、护理、超声、影像等不同专业技术人员共同编著而成，当中有肿瘤科医师、超声科医师、介入医师、外科医师、放射医师及护理专家。各位专家从编写的格式、架构，到实际内容，反复斟酌，逐字推敲直至最后定稿，倾注了大量的时间与精力，在此表示诚挚的谢意！

本书虽然经过多次审核与校对，但由于时间仓促，编写人员水平有限，难免有不妥之处，恳请各位同道及专家批评指正。

胡丽娟　黄敏清
2021 年 3 月 18 日

目录 Contents

第一章 概述 ... 1
- 第一节 血管通路装置的发展史 ... 1
- 第二节 静脉输液港植入术的临床适应证 ... 6

第二章 静脉输液港植入术新技术 ... 9
- 第一节 超声引导技术在输液港植入术中的应用 ... 9
- 第二节 数字减影血管造影技术在输液港植入术中的应用 ... 13
- 第三节 心腔内电图导管定位技术在输液港植入术中的应用 ... 20
- 第四节 放射影像导管定位技术在输液港植入术中的应用 ... 29
- 第五节 超声心动图导管定位技术在输液港植入术中的应用 ... 32
- 第六节 超声彩色多普勒技术在导管相关性血栓检查中的应用 ... 37
- 第七节 生物活性敷料在输液港伤口愈合中的应用 ... 41
- 第八节 经静脉耐高压型输液港注射造影剂技术 ... 49

第三章 静脉输液港植入术的并发症 ... 54
- 第一节 静脉输液港植入术的术中并发症及处理 ... 54
- 第二节 静脉输液港植入术后早期并发症及处理 ... 58
- 第三节 静脉输液港植入术后远期并发症及处理 ... 60

第四章 静脉输液港的护理管理 ... 68
- 第一节 静脉输液港植入术的术前评估 ... 68
- 第二节 静脉输液港的常规护理 ... 72
- 第三节 静脉输液港的患者教育 ... 77
- 第四节 静脉输液港的操作实践记录 ... 79
- 第五节 静脉输液港质量控制管理 ... 82

第五章 锁骨下静脉输液港植入术 ... 89
- 第一节 锁骨下静脉解剖 ... 89
- 第二节 锁骨下静脉输液港植入术的临床适应证和禁忌证 ... 90
- 第三节 锁骨下静脉输液港植入术流程 ... 91
- 第四节 锁骨下静脉输液港植入术的常见并发症 ... 98
- 第五节 锁骨下静脉输液港植入术的操作技巧 ... 103
- 第六节 锁骨下静脉输液港植入术的护理要点 ... 103

第六章 经颈内静脉输液港植入术 ... 105
- 第一节 颈内静脉血管解剖 ... 105

第二节　颈内静脉输液港植入术的禁忌证 106
　　第三节　颈内静脉输液港植入术流程 107
　　第四节　颈内静脉输液港植入术的操作技巧 124
　　第五节　颈内静脉输液港植入术的护理要点 125

第七章　上臂静脉输液港植入术 127
　　第一节　上臂静脉解剖 127
　　第二节　上臂输液港植入术适应证及禁忌证 128
　　第三节　上臂输液港植入术流程 129
　　第四节　上臂输液港植入术常见并发症 140
　　第五节　上臂输液港植入术操作技巧 141
　　第六节　上臂静脉输液港植入术的护理要点 141

第八章　股静脉输液港植入术 143
　　第一节　股静脉解剖 143
　　第二节　股静脉输液港植入术适应证和禁忌证 144
　　第三节　股静脉输液港植入术流程 145
　　第四节　股静脉输液港植入术常见并发症 148
　　第五节　股静脉输液港植入术操作技巧 148
　　第六节　股静脉输液港植入术的护理要点 149

第九章　儿童静脉输液港植入术 150
　　第一节　儿童静脉解剖 150
　　第二节　儿童静脉输液港植入术的临床适应证和禁忌证 151
　　第三节　儿童静脉输液港植入术流程 153
　　第四节　儿童静脉输液港植入术的操作技巧 171
　　第五节　儿童静脉输液港植入术的护理要点 173

第十章　静脉输液港取出术 175
　　第一节　静脉输液港取出时机 175
　　第二节　静脉输液港取出术适应证和禁忌证 175
　　第三节　静脉输液港取出术流程 176
　　第四节　静脉输液港取出术的常见并发症 179
　　第五节　静脉输液港取出术的策略及技巧 180
　　第六节　静脉输液港取出术的护理要点 181

第十一章　静脉输液港并发症临床个案分析 182
　　案例一　抗血管生成药物治疗后输液港切口裂开的处理 182
　　案例二　儿童输液港植入术后切口愈合不良的处理 184
　　案例三　抗血管生成药物治疗后输液港术后切口愈合延迟的处理 186
　　案例四　肥胖并糖尿病患者输液港切口裂开的处理 187
　　案例五　经锁骨下静脉输液港导管破损的处理 189
　　案例六　经颈内静脉输液港导管断裂的处理 190

案例七　儿童无症状导管相关性静脉血栓的处理 …………………………………… 193
案例八　输液港导管相关性静脉血栓的处理 ……………………………………… 195
案例九　输液港植入术后 2 年余港体周围感染的处理 …………………………… 197
案例十　输液港切口处裂开伴感染的处理 ………………………………………… 199
案例十一　输液港导管相关性感染的处理 ………………………………………… 201
案例十二　植入式输液港外露的处理 ……………………………………………… 203
案例十三　输液港港座皮肤感染的处理 …………………………………………… 205
案例十四　植入式输液港导管入永存左上腔静脉的处理 ………………………… 206
案例十五　输液港输液过程中无损伤针头移位的处理 …………………………… 209
案例十六　输液港植入术后发现导管打折的处理 ………………………………… 211
案例十七　特殊乳腺癌患者的输液港的处理 ……………………………………… 213

参考文献 ………………………………………………………………………………… 215

第一章 概述

第一节 血管通路装置的发展史

血管通路装置是指能实现药物、血液制品、腔内医疗器械等有效、快速进出血管的装置。血管通路的探索已有 400 多年，经历从外周静脉通路到中心静脉通路的发展。中心静脉通路装置是指将导管通过静脉插入体内，以使血液、血液制品、药物和治疗所需的器材能够进入血液的装置，其导管尖端位于上腔静脉、下腔静脉或右心房内。对于血液透析患者、长期肠外营养患者、肿瘤患者和急重症监护患者，血管通路俨然成为他们的生命通路。

目前，安全、易于操作的超声引导定位经皮穿刺静脉输液港成为肿瘤治疗的重要手段。世界上每年应用静脉输液港的患者有 100 万余例，静脉输液港显著改善了患者（特别是癌症患者）的生活质量，提高了静脉通路的安全性，降低了反复建立静脉通路带来的不适与焦虑。静脉输液港的出现与应用是静脉通路建立史上的一座里程碑，标志着中长期的静脉通路建立手段进入一个发达而且成熟的时期。

一、血管通路的早期发展

人类对血液循环系统的正确认识始于 17 世纪初。以前，科学家和医生对循环系统缺乏科学的认识。1616 年，William Harvey 通过对鹿的尸体解剖验证了循环系统，并发现心脏在血液循环中充当泵的作用，在其著作《动物解剖心脏运动及血液循环（心血运动论）》中首次对循环系统做出描述，并在 1628 年出版经典著作《动物心脏和血管循环机制的解剖练习》。医生和研究人员开始实验尝试，将盐水、药物、营养液、血液等注入人体血管中，在当时这是较为复杂的操作。

1665 年，Escholtz 首次报道和说明人类静脉注射和采血的技术。同期，Lower 利用羽毛的羽轴作为导管，将血液成功地从一只狗的颈动脉抽出，并输入另一只狗的颈静脉，完成活体犬－犬间输血。他成为血管导管应用的先驱者。

1877 年，Nicolai Vladimirovich Eck 报道自己的实验结果。他使用真丝线，通过连续缝合的方式将犬的门静脉与下腔静脉直接吻合而建立瘘管。这可能是第一个直接的血管吻合术。Carrel 因在 1902 年发表血管吻合处理技术的论文，于 1912 年获得诺贝尔医学奖。

二、中心静脉通路装置的发展史

随着静脉输液治疗的发展，特别是高渗的肠外营养液的出现，外周静脉通路难以满足这些药物的中长期输注需求。科学家们把目光转向中心静脉，因为中心静脉血流量大，可使药物快速稀释，理论上可以弥补外周静脉的不足（表1-1）。

表1-1 静脉直径与流速

种类	静脉	直径/mm	流量/(mL·min^{-1})
外周静脉	手背静脉	2～3	<10
	前臂静脉	4～6	10～95
	肘部及上臂静脉	6～8	100～300
中心静脉	锁骨下静脉	19	1 000～1 500
	上腔静脉	20	2 000～2 500

虽然临床上中心静脉导管置管的应用时间很长，但技术成熟并形成规模才60余年。最初的锁骨下静穿刺置管技术在1952年产生，Aubaniac使用该技术为伤情危重的法国军人进行输血治疗。这为现代常用的中心静脉通路技术发展奠定基础。后来这项新技术作为一种血管通路建立的方法，用于紧急补充血容量、大量补液治疗及抢救。在美国，锁骨下静脉穿刺术最初用于监测危重患者的中心静脉压，特别是实施开放性心脏手术的患者。数年之后，Yoffa于1965年首次报道将锁骨上部位作为穿刺点，在锁骨下静脉置管，可用于快速补液。随后，Dudrick等采用的各种经皮穿刺外周静脉和颈内静脉的方法被用来给成人快速补液或给婴儿输血，而Wire和Dudnick则首次使用中心静脉给成人和婴儿输注肠外营养液。

在静脉输液港开始应用之前，人们广泛使用硅胶材质的体外导管，将其作为中心静脉通路。1979年，一种长期留置静脉导管——Hickman导管第1次被用于化疗，这可以算作植入式静脉输液港的前身。塞尔丁格技术（Seldinger technique）的出现也使静脉通路装置的使用得以快速发展。

三、静脉输液港的发展史

（一）静脉输液港的定义

根据《中华人民共和国医药行业标准（YY 0332—2011）》，输液港又被称为植入式给药装置，由一根输注导管一头与港体（皮下药壶）相连接构成。整个系统完全埋入皮下，是可以长期向静脉、动脉、腹腔或脊髓腔输注药物的通路系统。输液港按照输液通路的不同可分为静脉输液港、动脉输液港、腹腔输液港、脊柱输液港。目前，临床上使用最多的是静脉输液港。

植入式静脉输液港（implantable venous access port）也被称为完全植入式静脉输液装置（totally implantable venous access devices），是一种埋藏于皮下组织中的植入式、可长期留置的中心静脉通路装置（图1-1）。它适用于在相当长的一个时期内需要重复进行化疗、输血、营养支持或血样采集的患者，是目前公认的安全、有效的输液方法。

第一章 概 述

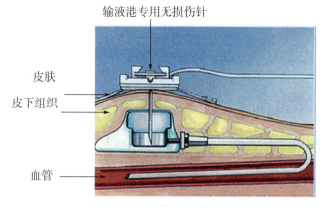

图1-1 输液港体内横截面

(二) 静脉输液港的发展

静脉输液港的发展可追溯到20世纪70年代末，John E. Niederhuber开始构思一套可以完全植入皮下的中心静脉导管。他从肝动脉化疗泵得到启发，将肝动脉化疗泵改造成一款用于输液的完全植入式中心静脉导管。经过几个月的研究，他的团队研制了一款带有硅胶隔膜的钛制港体——连接着硅橡胶制成的导管，这就是静脉输液港的雏形。1982年，第1批输液港Infuse-A-Port™通过测试，学者发表论文，介绍静脉输液港的使用方法，包括穿刺、建立隧道、制作皮下囊袋等技术。1983年，传统的Port-A-Cath™通过测试。目前，Port-A-Cath™或PAC常作为通用术语。接受Niederhuber的输液港植入术的第一人是一位卓越的外科医生，他因细菌性心内膜炎反复发作需要长期使用抗生素。第二人是他的妻子，她在与癌症斗争的2年中需要行多次化疗、反复静脉抽血，偶尔需要经静脉输入液体及营养药物。

自1982年美国安德森癌症中心John E. Niederhuber在《外科学》杂志上首次报道用外科手术方式经头静脉植入输液港这项技术后，植入技术出现多元化改变。很多其他的静脉部位也逐渐被报道使用，包括颈外静脉、颈内静脉、锁骨下静脉、腋静脉、股静脉、隐静脉、性腺静脉、贵要静脉、肱静脉等。早期植入方式主要为静脉切开植入，这种方式具有避免经皮穿刺静脉所引起的气胸、血胸等严重并发症等优点。20世纪70年代，伴随着全新的赛丁格"J"形导丝和带扩张器的可剥离血管鞘等特殊工具的发明，经皮穿刺锁骨下静脉和颈内静脉途径置管技术逐渐发展起来。超声定位引导植入不同类型血管通路技术也不断发展。这些技术的使用使开放性外科手术静脉插管操作明显减少，同时，相关的切口并发症也大幅下降。

(三) 静脉输液港的结构和分类

静脉输液港通常由钛合金或塑料做成的储液槽、覆盖具有自我密闭特性的硅胶隔膜港座及不透射线的导管三部分构成。港座上的硅胶隔膜可以耐受特殊非取芯偏转针进行1 000～3 000次穿刺。早期输液港呈方形且十分笨重，而现在的输液港轻便，呈圆形或梭形，可以适用于成人、儿童和婴儿等不同年龄及体重的人群。

根据输液港座的材质分类，可分为第1代全金属输液港、第2代全树脂输液港和第3代树脂钛腔输液港（图1-2）。第1代全金属输液港的港体港座和腔体均由钛金制作，存在重量大、植入患者体内后异物感强的缺点，临床上已较少使用。第2代全树脂输液港的港体和腔体由生物相容性较好的高分子材料制作，优点是质轻、异物感小、患者舒适性强，但使用时需要无损伤针穿刺硅胶隔膜到达腔体底部，反复穿刺后可能在塑料腔体底部形成细小凹洞而造成微粒污染或药液沉积。第3代树脂钛腔输液港则是外壳使用树脂、腔体内部使用钛合金制作。第3代输液港集合前两代产品的优点，即质轻、异物感小、钛腔能承受专用针穿刺。目前，市面上也有使用聚醚醚酮港座、陶瓷腔体的输液港，但其存在港座较大、患者切口较大、配件不齐全等问题。随着生物材料的发展，将会有生物相容性更好的材料用于输液港上。

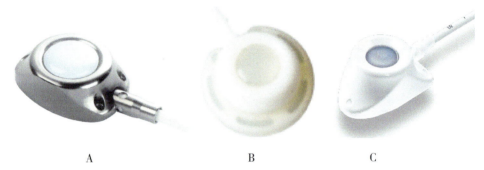

A：全金属输液港；B：全树脂输液港；C：树脂钛腔输液港。
图1-2 输液港的分类

根据材质，输液港导管可分为硅胶导管和聚氨酯导管。导管尺寸有4.5 F、5.0 F、6.0 F、6.5 F、7.5 F，甚至15.0 F。硅胶导管的优点是触感柔软，受外科医生偏好，在颈内静脉放置形成锐角时很少发生导管打折；缺点是抗张强度低，抗压能力低，外内径比大，管腔相对小。聚氨酯导管的优点是抗张强度高，抗压能力高，外内径比小，管腔相对大，长期使用中不会变脆，表面光滑易于植入；缺点是在颈内静脉放置形成锐角时容易打折，因此，需要医生植入时注意血管段导管和皮下导管形成的角度和分层。

此外，根据导管末端闭合的情况，可分为瓣膜型导管和末端开口导管。一般导管尖端会有圆钝设计，可以防止损伤血管内膜。

根据耐压，输液港可分为普通输液港和耐高压输液港。耐高压输液港配合耐高压无损伤针使用可以高压注射造影剂，通过增强CT来判断肿瘤的发展情况。

（四）输液港无损伤针简介

任何种类的输液港都应使用无损伤针（non-coring needle），它含一个折返点或特殊的针尖斜面设计。无损伤针可以避免传统钢针的成芯作用切割输液港的硅胶隔膜，防止损伤硅胶隔膜导致漏液或造成微粒污染。常规无损伤针可留置1周。输液港体硅胶隔膜可经无损伤针行1 000～3 000次穿刺。穿刺次数与使用的无损伤针粗细相关，无损伤针越细，耐穿刺次数越多（图1-3）。

无损伤针直径主要有19 G、20 G、22 G，而长度有12 mm、15 mm、20 mm、25 mm等不同规格（图1-4）。使用时需要注意不同品牌输液港的港座深度和硅胶隔膜深度不同，而且术者植入港体深度也并不相同。因此，输液港护理时必须选择合适长度的无损

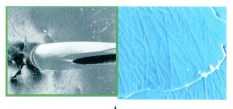

A　　　　　　　　　　　　　　　　B

A：无损伤针穿刺硅胶隔膜后；B：普通注射针头穿刺硅胶隔膜后。

图1-3　针穿刺硅胶隔膜扫描电镜对比

伤针，无损伤针过长或过短均容易发生脱针或断针。

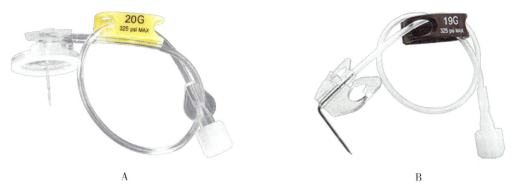

A　　　　　　　　　　　　　　　　B

A：蝶翼型无损伤针；B：安全型无损伤针。

图1-4　不同类型无损伤针

无损伤针在穿刺表皮层、脂肪层进入输液港内腔后可以正常输液。对于留置时间大于3天的无损伤针，拔针时会有较大的反作用力，需要注意拔针手法，避免引起针刺伤。为避免针刺伤，也可选择安全型无损伤针。不同品牌安全型无损伤针机理和操作均不同，可以在较大程度上降低针刺伤发生率。

四、静脉输液港的功能

(一) X线胸片下显影

大部分输液港植入后可以通过拍摄X线胸片观察港座位置、导管走形、导管末端位置。

(二) 磁共振

大部分静脉输液港可以做磁共振，在磁共振中特定条件下是安全的。

1. 一般信息

根据IEC标准60601-2-33（2008），扫描仪必须以正常操作模式（是指磁共振系统的一种操作模式，在该模式中任何输出都不会产生对患者造成生理应力的数值）运行：全身平均比吸收率（specific absorption rate，SAR）不得超出 $2.0\ W·kg^{-1}$，头部比吸收率必须低于 $3.2\ W·kg^{-1}$。

2. 设备信息

根据美国试验与材料协会国际标准 F2503—2008《磁共振环境下医疗装置和其他元件的安全标记的标准规程》，部分品牌的静脉输液港被定为在磁共振中特定条件下安全。

非临床试验证实，静脉输液港在磁共振中特定条件下安全。在以下条件下，埋有该输液港的患者可在置入该设备后立刻进行安全扫描：静磁场为 3.0 T 和 1.5 T；最大空间梯度磁场不大于 750 Gs/cm；扫描 15 min 时全身平均最大比吸收率为 2.9 W·kg^{-1}。在试验中，磁共振信息只与港座有关。植入的配件并未经试验。

3. 磁共振成像相关性升温

非临床研究中，在 3 T（Excite，软件 G3.0-052B，General Electric Healthcare，Milwaukee，WI）的磁共振系统进行 15 min（即每个脉冲序列）磁共振成像期间，静脉输液港产生的最高升温见表 1-2。

表 1-2 输液港在磁共振条件下最高温度变化

磁共振成像条件	MR 系统报告的最大全身平均比吸收率/(W·kg^{-1})	热量测定值/℃	最高温度变化/℃	磁共振成像时间（每个脉冲序列）/min
3 T/128 MHz	2.9	2.7	2.2	15

4. 伪影信息

若目标区域与静脉输液港的位置处于同一区域或相对邻近，则可能降低磁共振成像的质量。因此，必须优化磁共振成像参数，以补偿该设备的存在。

第二节 静脉输液港植入术的临床适应证

植入式静脉输液港适用于需要长期或重复输注药物、化疗药、血液制品、胃肠外营养物，频繁采集血液标本，以及有禁忌证而不能选择其他静脉通路的患者。静脉输液港在临床中的应用越来越广泛，患者接受程度日益增加，生活质量得到显著改善。

接受化疗的癌症患者是输液港的最合适人选，原因为：①如果发生外渗，很多刺激性化疗药可能会引起组织坏死；②长期多次化疗损伤外周血管，以至于建立外周血管通路越发困难；③长期化疗需要安全方便的静脉通路；④晚期癌症患者需经常输入血液制品、高渗液体及肠外营养物；⑤需要经常采血用于监测治疗效果。因此，需要接受密集化疗和（或）骨髓移植的血液恶性肿瘤患者及需要长期持续或间歇化疗的实体肿瘤（如结直肠癌和乳腺癌、卵巢癌、肺癌等）患者是输液港的最适用人群。

但不是所有的患者都适用静脉输液港，它存在一定的适应证和禁忌证。在植入输液港之前，应当考虑其适应证、如何使用及患者整体身体情况。

一、输液港植入术的目的

（1）确保患者 1 条有效的静脉通路，为安全、及时用药提供保障。

（2）减少静脉的反复穿刺，有效地保护外周血管。

二、临床适应证

（1）长期反复输注腐蚀性、刺激性药物的患者。这些药物包括 pH 小于 5 或大于 9 的溶液、葡萄糖浓度大于 10% 的溶液、蛋白质浓度大于 5% 的溶液或渗透压大于 900 mOsm/L 的高渗性溶液等。

（2）需要长期和（或）间断输液和（或）输注血液制品的患者，如造血干细胞移植受者、血液病患者。

（3）需要长期肠外营养支持的患者。

（4）需要反复抽血检验的患者。

（5）外周静脉条件差、难以建立外周静脉通路的患者。

（6）与其他静脉通路相比，更愿意接受静脉输液港的患者。

三、临床禁忌证

（一）输液港植入术绝对禁忌证

（1）病情严重，不能耐受和（或）配合手术的患者。

（2）菌血症或手术部位局部感染未控制的患者。①未控制的全身感染，如菌血症或败血症，手术后血液中的细菌可能会定植于导管，使感染无法得到有效控制；②手术操作部位的局部皮肤感染，如疖、痈等皮肤化脓性感染，手术时切口可能会受到污染，出现术后切口感染，甚至细菌可能随导管入血，产生全身感染。

（3）对静脉输液港材料过敏的患者。

（4）存在静脉回流异常的状况，如穿刺靶血管通路有压迫综合征或有血栓形成。①颈内静脉、锁骨下静脉、上腔静脉通路血栓形成或者压迫等原因导致静脉通路不畅，导管无法顺利到达上腔静脉，可能导致导管植入失败；②导管虽能勉强植入，但经导管滴注的液体无法顺利地通过上腔静脉系统回流心脏，从而分布到全身起治疗作用，反而会增加堵塞的上腔静脉系统压力，加重病情。

（二）输液港植入术相对禁忌证

（1）有出血风险的患者，如正在使用抗凝药物或其凝血功能异常未纠正的患者。患有凝血障碍的患者，手术后可能出现穿刺部位血肿形成，特别是多次穿刺不到颈内静脉和颈内静脉，或者误穿到动脉；也可能出现手术区域皮下瘀斑、伤口渗血不止等。因此，对于严重凝血功能障碍者，应暂缓手术，待纠正凝血功能后再行手术。

（2）活动性感染的患者，如肺炎、肾盂肾炎或胆管炎患者。

（3）对于仅有一侧健肺的患者，应避免在健肺侧进行血管盲穿（一旦发生严重气胸或血胸，没有代偿）。

（4）手术部位有放疗史的患者。部分恶性肿瘤需要行颈部或锁骨上、下区放疗，如鼻咽癌、乳腺癌等，此为相对禁忌，应尽量避开预放疗部位，如对鼻咽癌患者行经锁骨下静脉路径植入，对乳腺癌患者可行经健侧颈内静脉植入。

（5）严重营养不良患者。局部软组织因素会影响设备稳定性或放置，且因真皮层过薄，底座表面皮肤容易因反复摩擦而破溃。

（6）置管侧肢体做过淋巴清扫术的患者。

四、个体化选择

（1）对于不能在胸壁放置输液港的患者（如胸部有开放性创伤、皮肤完整性受损、肿瘤侵蚀胸壁），在外周（如手臂）放置输液港是一种理想的选择。

（2）儿科患者（6个月至1岁）必须具有足够的胸壁肌肉以支撑植入式输液港。

（3）若金属输液港在放射区域，则从输液港金属部分产生的电子会导致剂量受干扰（吸收改变、偏移或增加），因此，应尽量避开放射区域植入输液港，或可考虑使用塑料输液港。

（4）对于需要使用助行器的患者，在选择上臂行输液港植入前，应考虑助行器对输液港有无影响。

（5）输液港植入部位应避开心脏起搏器的位置。

（6）肺储备功能较差的患者，可选择上臂静脉、颈内静脉或股静脉穿刺，行输液港植入术，以避免血气胸的发生。

五、静脉输液港的优点和缺点

输液港的优点为：①非输液期间导管维护频率低；②导管相关性感染和导管相关性血栓形成风险更低；③与外部导管相比，对形象影响较小，不易察觉，更具有美观效果；④无须使用胶带或敷料，适用于对于胶带和敷料过敏者；⑤对患者活动的限制更少，是生活忙碌及职业患者的一种理想选择。

输液港的缺点为：①需要专用针头连接（非取芯针）；②不正规穿刺可能造成药液外渗；③需要有资质的人员进行非小型手术操作置管和取出；④单次费用最高的血管通路。因此，输液港更适用于那些较长时间（如3～6个月或更长）需要中心静脉通路的患者，或注重美观、希望输液通路埋于皮下的患者。

（徐泰　胡丽娟　崔璀）

第二章 静脉输液港植入术新技术

第一节 超声引导技术在输液港植入术中的应用

20世纪80年代，随着超声在医疗领域的运用，超声引导下穿刺成为可能。1984年，麻醉医师Legler最早报道了在B超引导下行锁骨下静脉穿刺，为中心静脉穿刺置管引入一种新的方法。B超引导下穿刺可以在直视的情况下穿刺置管，成功率更高，更安全。此后，超声技术在辅助血管穿刺中的应用越来越多，相关研究也层出不穷，越来越多的医院推荐使用超声引导技术。1993年，Denys等发表首项关于超声与体表定位法辅助穿刺的大型随机对照研究结果，超声引导穿刺的成功率高达100%，一次成功率为78%，穿刺时间平均为9.8 s，误穿入颈动脉的概率为1.7%，各项数据优于体表定位穿刺法。该研究结果为超声技术在中心静脉通路装置（central venous access devices，CVADs）置入中的应用提供坚实有力的依据。

近年来，超声引导血管穿刺技术日趋成熟。许多研究显示，超声检查可清晰显示血管形态，区分动静脉，识别血管周围神经、肌肉等解剖结构，并实时动态显示穿刺过程，实现可视化穿刺，提高中心静脉穿刺的安全性。2007年，Graham等在《新英格兰医学杂志》上发表相关文献，在中心静脉操作流程中明确指出超声技术在安全性及有效性上有利于中心静脉导管穿刺，并将该技术纳入操作规范。2011年，美国超声心动图学会和心血管麻醉医师协会联合出台的《超声引导下血管穿刺置管指南》明确指出超声技术在血管穿刺中的重要地位。中国于2013年发布的《急诊超声标准操作规范》也明确指出超声技术在CVADs置入时的重要作用。

关于超声引导静脉穿刺（实时超声引导）的获益已经有非常令人信服的研究证据，因此，强烈推荐超声辅助用于所有的中心静脉导管置管操作。超声技术培训已经引起关注，超声课程已经成为外科医生、麻醉医生、肿瘤科医生，尤其是静脉治疗专科护士新技术培训课程的一部分。不过，当超声仪器和专家不能快速到位时，体表定位法对急诊患者同样重要。

超声定位引导穿刺血管技术的发展，使任何类型血管通路都可能成为输液港植入的穿刺目标血管，如锁骨下静脉、胸前腋静脉、腋腔下腋静脉、上臂肱静脉和贵要静脉、颈内静脉、股静脉、腘静脉等。

一、超声引导技术应用的基本原理

（一）超声基础知识

能够在听觉器官引起声音感觉的波动被称为声波。人类能够感觉的声波频率范围为

20～20 000 Hz。频率超过 20 000 Hz、人的感觉器官感觉不到的声波被称为超声波。

超声成像是利用超声声束扫描人体，通过对反射信号的接收、处理，以获得体内器官图像的技术。超声成像方法常用来判断人体组织、脏器、肿块等的解剖结构、位置与形态等，确定病灶的范围和物理性质，提供一些腺体组织的解剖图。声源震动频率超过 20 000 Hz 的机械波为超声波。超声诊断所用的声源震动频率一般为 1～10 MHz。

（二）对穿刺目标血管的识别评估

实时超声扫描技术是直接对目标血管置管穿刺的安全手段。穿刺前应对拟穿刺目标血管进行超声检查，识别穿刺血管周围组织结构，同时，利用探头，根据动静脉的特性识别动脉和静脉，识别静脉窦和静脉瓣。在明确目标血管的位置、内径及距体表距离后，选取内径较大、位置较表浅、结构简单部位的血管为拟穿刺的目标血管。

通过超声技术，超声探头在无菌套的包裹下能够在无菌区域定位血管，引导穿刺针经皮肤进入血管。即使有超声技术的帮助，操作者也必须掌握相关的解剖知识，才能够根据体表解剖标志选择穿刺针和超声探头的方向。

（三）超声引导下血管穿刺方法

目前，超声引导的中心静脉导管技术主要有 2 种方式：平面内技术和平面外技术。

1. 超声引导下平面内血管穿刺法

平面内血管穿刺法是穿刺针沿着超声探头的长轴进针，将针头放置位置平行于超声探头和超声声波方向，操作中可以看到针杆全长和针尖。使用时，探头水平扫查穿刺部位血管，找到穿刺目标血管。将其移至图像中心，然后以探头中点为轴心旋转探头 90° 至正中央，使探头与穿刺血管平行，并进一步左右移动探头，使探头对准目标血管正中央，超声图像可清晰显示上下两侧血管壁。左手固定探头，右手持穿刺针在探头远心端纵轴中点旁约 0.5 cm 处进针，与皮肤呈 30°～45°，目标血管与穿刺针始终保持在同一切面声像图上。当穿刺针达到血管表面时，针尖可以将该血管壁压下继续进针，针尾处可见回血。降低穿刺针与皮肤之间的角度，左手放下探头，固定穿刺针，右手将导丝通过穿刺针送入血管至体外保留 10～15 cm。

2. 超声引导下平面外血管穿刺法

平面外血管穿刺法是针头沿着探头短轴进针。针头跨过超声探头，只能看到 1 个点。使用时探头水平扫查穿刺部位血管，找到穿刺目标血管，声像图显示拟穿刺血管的横截面，左手调整探头，将拟穿刺血管移动至图像中央。用针头帽在探头边缘的中点处轻压皮肤，观察超声屏幕上皮肤表层影像。将与目标血管相对位置的关系作为调整穿刺针进针角度及位置的依据。右手持穿刺针在探头横轴中点外 30°～60° 从血管正上方进针，在声像图上看到针尖轨迹。在血管中央看见白色的亮点后，血从针尾处溢出，降低穿刺针角度，送入导丝。

两种穿刺方法均为成熟的血管穿刺技术。平面内穿刺方法可以完整显示进针路线，动态观察穿刺过程。但由于穿刺路线更长，要求穿刺过程中穿刺针与靶血管始终保持在超声图像中，对操作者技术要求更高。平面外穿刺方法显示两者在短轴切面的位置关系，穿刺过程中不能实时动态显示穿刺针确切位置，但穿刺路线更短，操作更简单。两种方法在导针器辅助下均可轻松完成穿刺。

二、超声各部件组成

超声各部件组成见图2-1和图2-2。

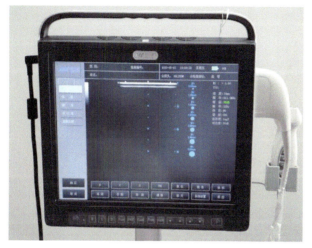

图2-1 超声主机

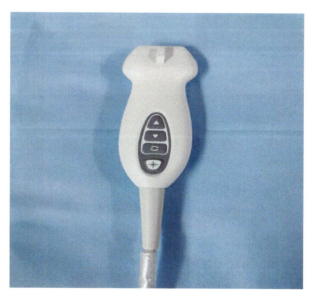

图2-2 超声探头

三、超声引导下血管穿刺技巧

(一) 探头的使用技巧

1. 超声探头的方向

超声探头的侧方有一标识点（探头右侧的突起），表示突起侧探头的方向对应于超声显示屏的左侧，该标识点朝向患者的右侧和头侧。如果探头方向相反，图像将完全倒置，给目标血管的识别和探查带来一定的困难。

2. 超声耦合剂

涂抹超声耦合剂时，用无菌保护套包裹探头和连线。无菌保护套应与探头紧密贴合，无气泡。

3. 探头握持手势

探头握持手势为：左手拇指、示指、中指握住探头，小指及小鱼际肌轻贴患者皮肤，起到支撑稳定的作用。左手肘关节支撑手臂，若情况允许，肘关节可找到支撑点，使手臂力量更稳定。使用腕部力量探查血管，使探头垂直于血管放置。

4. 探头握持力度

探头握持力度根据患者血管的深浅而定，以不压扁静脉为宜。若静脉变为椭圆形，则提示用力过大。

5. 探头放置位置

探头应垂直于穿刺点皮肤，紧贴皮肤。

（二）血管穿刺技巧

在进行血管穿刺时掌握"稳、准、狠"的技巧。稳：抓探头手稳定，小鱼际肌、手肘要有着力点，不能悬空。准：穿刺针头对准血管中轴，中心线不能偏移，超声屏幕显示针尖亮点进入静脉横截面中心。狠：在紧邻血管上方处适当控制用力以刺入血管。

1. 血管太浅的穿刺技巧

血管在皮下 0.5～1.0 cm 处是最适合的目标穿刺点。若血管深度小于 0.5 cm，探头容易压扁血管，血管周围支撑较少，穿刺针的力度也容易使血管移动。操作时应选择 0.5 cm 规格的导针器，将探头轻放在皮肤表面，握探头的手要稳，不可用力压；进针时要缓慢；感觉针头穿刺过深后，缓慢旋转退出针头，直至看到回血。

2. 血管太深的穿刺技巧

血管在皮下超过 1.5 cm，穿刺距离较长，穿刺针在前进过程中容易偏移目标血管。操作时应选择 1.5 cm 或 2.0 cm 规格的导针器。穿刺针进入皮肤后，进行 1～2 次停顿，尤其是紧邻血管上方处，调整针头，使其对准血管中轴，用力刺入血管。

3. 血管易滑动的穿刺技巧

患者偏瘦，或血管硬化时，血管易滑动。助手戴无菌手套帮忙按压预穿刺点上、下血管以进行固定；将穿刺针置于紧邻血管上方处，使其对准血管中轴，快速、用力地刺入血管。

4. 血管弹性差的穿刺技巧

若患者血管不充盈、回血慢，操作时应先采取措施使血管充盈，嘱患者反复握拳和放松。若血容量低，可行外周补液后再置管。操作中应随时查看超声影像。若怀疑穿刺针到血管对侧，可缓慢退出针头，停顿片刻，等待回血，同时，可试探性地送入导丝。若导丝送入顺利，则表示穿刺成功。

四、不同穿刺技术的优缺点

中心静脉通路装置（central venous access devices）是指通过静脉插入体内，以使血液、血液制品、药物和治疗所需器材能够进入血流的装置，其导管尖端位于上、下腔静脉或右心房内。中心静脉通路装置穿刺是一项有创操作，虽然已经在临床运用多年，但仍存在一定的并发症。置入的具体方法与患者的情况、治疗目的、医疗资源条件、操作者资质及技术能力等均有关系，不同的穿刺方法各有优势。

根据体表解剖标识引导血管穿刺方法的优点为操作简便，不需要配置额外的仪器设备，医院没有经济负担，容易开展此项技术；缺点为由于个体差异大，操作并发症高，盲穿血管容易误穿刺动脉及其他脏器等，有发生气胸、血气胸、血肿等并发症的风险，对操作者的要求较高。初学者或经验不足的人员操作时，发生并发症的风险更高，增加患者的痛苦。

利用多普勒超声引导进行血管穿刺的特点为：①可以在直视的情况下进行穿刺置管，成功率更高，减少穿刺误入动脉、损伤胸膜等严重并发症的发生。②超声引导下经外周静脉穿刺中心静脉置管可以选择上臂深部血管，其内径粗，直视下可穿刺，成功率高，并发症少，在上臂也易固定，不影响患者的活动，也比较隐匿，符合患者隐私保护。③需要配置专门的B超机，穿刺成本提高，穿刺人员需要进行资质培训。

在影像技术引导下进行血管穿刺主要用于经其他方法植入中心静脉通路装置送管困难的情况，借助该技术，在X线的引导下，可以直观地看到血管走向，明确血管是否通畅、分支情况等，置管成功率更高。但此操作需要在放射防护下进行，成本更高，操作更复杂，还需要影像技术人员的辅助才能完成。

（胡丽娟　葛梅　吴红）

第二节　数字减影血管造影技术在输液港植入术中的应用

数字减影血管造影（digital subtraction angiography，DSA）技术在输液港植入术中的应用，是指在DSA引导下穿刺拟植入输液港的靶静脉，并依靠DSA确定输液港导管尖端位置。在输液港植入术中，DSA技术在引导穿刺中心静脉、确定导管尖端定位、判断血管情况及识别输液港相关并发症方面均有其独特的优势，可大大提高输液港植入的首次植入成功率，降低术中即刻及远期并发症的发生，明显改善患者舒适度，保障医疗安全。

一、DSA成像的基本原理

行血管造影时，由于血管与骨骼和软组织影像重叠，血管显影不清。将X线图像数字化，用一帧血管内不含对比剂的图像作为蒙片，和一帧含对比剂的图像相减，使图片中代表骨骼和软组织的数字相抵消，只剩下对比剂的血管显影。

利用影像增强器将透过人体后已衰减的未造影图像的X线信号增强，再用高分辨的摄影机对增强后的图像做一系列扫描。扫描本身就是把整个图像按一定的矩阵分成许多小方块，即像素。所得到的各种不同信息经模/数（A/D）转换成数字信号，然后储存起来。再把造影图像的数字信号与未造影图像的数字信号相减,所获得不同数值的差值信号经数/模(D/A)转换成各种不同的灰度等级,在监视器上构成图像(图2-3)。

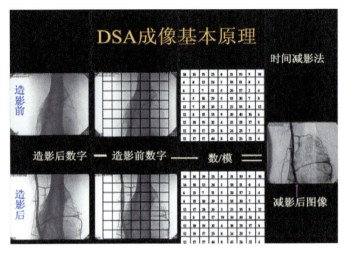

图2-3　DSA成像基本原理

DSA技术在输液港植入术中的应用并不需要使用到血管减影,只需要X线的成像原理。当一束强度大致均匀的X线投照到人体上时,X线的一部分被吸收和散射,另一部分透过人体沿原方向传播。人体各种组织、器官在密度、厚度等方面存在差异,对投照在其上的X线的吸收量各不相同,使透过人体的X线强度分布发生变化并携带人体信息,最终形成X线信息影像。因此,在DSA下能清晰看见导丝、导管、输液港座等的全程走行。若置管不顺利,还可在术中推注造影剂以排除血管狭窄、血栓等情况。

二、器材准备

器材包括DSA大C臂机(GE innoval 5300)、21 G桡动脉鞘(内含21 G微穿刺针)、长度为7 cm的0.018 in微导丝、由外鞘和头端渐尖的内芯组成的5 F血管鞘、0.018 in超滑泥鳅导丝(0.018 in微导丝移位时使用)、输液港装置(德国贝朗663型号),见图2-4。

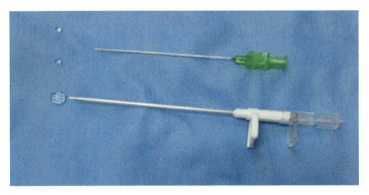

上方为21 G微穿刺针,下方为输液港装置里面配套的穿刺针。
图2-4　21 G桡动脉鞘

三、DSA 技术的应用

（一）适应证

DSA 技术适用于以下患者：①符合静脉输液港植入适应证的患者——外周静脉条件差，需要长期输液治疗；②输注有毒、刺激性高渗药物，如化疗药、肠外营养液，此类药物经外周静脉给药容易引起静脉炎。

术前患者应签署术前知情同意书。

（二）禁忌证

输液港植入禁忌证为：①全身或手术部位局部感染未控制；②严重凝血功能障碍；③病情严重，患者不能耐受、配合手术；④已知对 TIAP 材料过敏。

（三）操作流程

1. 体位

患者取仰卧位，头转向对侧，使用小枕垫高颈肩部。

2. 消毒

常规消毒、铺巾，用肝素盐水润洗并查看导管和港座是否有渗漏。

3. 麻醉

以 1% 利多卡因注射液进行穿刺道局部麻醉。借助 21 G 微穿刺针在 DSA 引导下穿刺靶血管。穿刺成功后，送入微导丝，术中借助 DSA 透视确定导丝方向。若导丝异位，采用"双导丝"法调至上腔静脉行程内，用 5 F 鞘管扩张穿刺道。退出鞘管，沿导丝置入输液港导管。

4. 明确位置

借助 DSA，明确导管尖端在上腔静脉与右心房交界处（cavoatrial junction，CAJ）。

5. 制作皮囊

在上胸壁局部麻醉后做一长约 3 cm 斜切口，先向深部分离至胸大肌浅面筋膜，再向足侧钝性分离出一皮囊，大小以能容纳下港座为宜，在囊袋内填塞纱布以止血。

6. 不同入路的连接方式

若为锁骨下静脉入路，则直接将导管与港座连接，剪去多余导管。若为颈内静脉入路，则采用皮下隧道针建立皮下隧道，将导管牵引至胸壁皮囊上缘再连接导管与港座，用肝素盐水封管。确定输液港连接处无液体渗漏及输液港装置通畅后，将港座放入囊袋内。

7. 缝合

再次借助 DSA 透视检查输液港座位置、导管全程有无弯折。缝合皮下组织以固定港座，缝合皮肤。使用无菌纱布覆盖伤口，用优力舒加压包扎，结束手术。术后定期伤口换药，7～10 天后拆线。

（四）DSA 技术的操作技巧

1. DSA 在引导穿刺中心静脉的应用

（1）血管穿刺技巧。患者取仰卧位，在两肩胛之间置放 1 个小枕。取头低肩高、双肩外展位，借此尽可能将锁骨下静脉与肺尖的距离拉大，降低气胸发生率。头扭向对侧，充分暴露胸锁乳突肌。常规用碘酒、酒精消毒颈肩部、上胸部术野，铺巾。采用改良 Seldinger 穿刺术，持 21 G 穿刺针接 5 mL 注射器带负压进针。体表以锁骨中外 1/3 下方 2～3 cm 处为穿刺点，穿刺时针尖指向胸锁关节。在 DSA 透视下，使穿刺针与锁骨呈 30°～40°。若患者体型肥胖，穿刺困难，可调整 DSA 管球角度，适当向深部调整针尖方向，但需要注意避免刺入胸腔，以免引起气胸。若回抽见暗红色回血，则代表穿刺成功（图 2-5）。穿刺成功后，将穿刺针置入微导丝，送入上腔静脉方向。至此，完全植入式输液港锁骨下静脉穿刺完成。

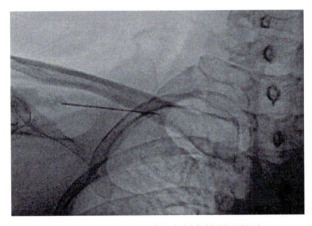

图 2-5　DSA 引导穿刺右锁骨下静脉

（2）发现锁骨下静脉、上腔静脉闭塞或血栓形成。按照以上 DSA 引导穿刺静脉技术进行锁骨下静脉穿刺。若抽取回血顺而不畅，可在 DSA 透视下尝试置入导丝以探查，但切忌强行送入而造成导丝嵌顿。DSA 下可清晰看到导丝形态是否打折或未按照正常上腔静脉路径走形而异位至其他血管内等。若导丝位于血管内且方向正确，却无法继续送入导丝，可经穿刺针注射对比剂；若发现血管走向的充盈缺损、局部对比剂滞留，则提示血管内血栓形成或血管闭塞（图 2-6）。

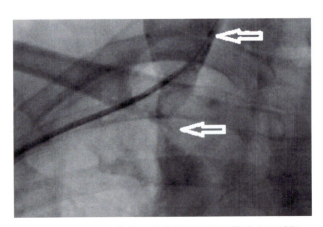

图 2-6　DSA 下静脉血管造影见锁骨下静脉充盈缺损

2. DSA 在监控导丝、导管走形中的应用

穿刺成功后,将"J"形导丝置入上腔静脉后行 DSA 透视,确认导丝进入上腔静脉。在 X 线透视下,在"J"形导丝的引导下将导管置入上腔静脉。若无 DSA 的透视,导丝可能移位至同侧或对侧颈内静脉、腋静脉等,术后需再次进行调管,造成二次手术,对患者身心影响较大,置港体验差(图 2-7 和图 2-8)。若术中行 DSA 透视时见导丝异位,即导丝位于非上腔静脉行程处,采用 DSA 引导下双导丝法,便可轻松将导丝调整至上腔静脉,避免导丝脱出血管外而需要重新穿刺,降低穿刺风险。双导丝法指成功穿刺中心静脉后,首次置入的微导丝未进入上腔静脉而异位于同侧颈内静脉、腋静脉、对侧颈内静脉、小血管分支等,先保留原导丝以确保导丝在血管内,经导丝置入 5 F 血管鞘,拔出鞘芯,经血管鞘再次置入超滑泥鳅导丝来进行调整,直至超滑泥鳅导丝成功进入上腔静脉内后退出微导丝,这样就可以避免导丝脱出血管外而需要重新穿刺,减少穿刺并发症发生率及患者痛苦(图 2-9)。

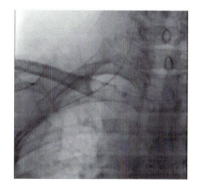

图 2-7 DSA 下见导丝异位于右颈内静脉

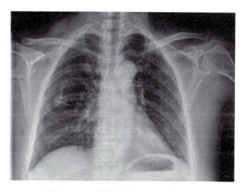

图 2-8 导管异位于右肩胛处

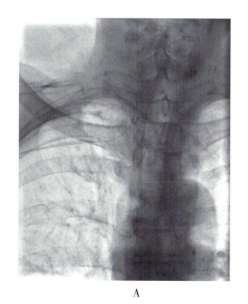

A

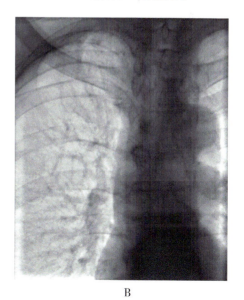

B

A、B 为不同视野。

图 2-9 导丝进入颈内静脉,使用双导丝法将导丝调整至上腔静脉后再置入输液港导管

对于存在心律失常、曾放置心脏起搏器的患者，可在 DSA 严密监测下全程监控导丝、导管深度，避免导丝、导管留置过深而诱发心律失常或干扰起搏器正常工作。

3. DSA 在确定导管尖端位置的应用

研究表明，输液港导管相关血栓与导管尖端位置密切相关，导管尖端越靠近右心房，导管相关的血栓发生率越低，由此引发的导管功能障碍发生率也越低。因此，在植入输液港导管的过程中，如何精准判断导管尖端位置是否达到最佳位置是至关重要的。若没有影像设备的监视，主要靠体表估计的方法来判断。但此种方法因患者体型及穿刺点的选择方法不同而有一定差异，从而难以精准判断导管尖端是否处于最佳位置。在 DSA 的辅助下，在植入导管过程中，可将导管尖端精准定位于上腔静脉与右心房交界的中下 1/3 处，X 线片显示在 T5—T7，从而最大限度减少导管相关血栓的形成和功能障碍的发生（图 2-10 和图 2-11）。借助 DSA 确认导管尖端位置正常后再制作囊袋，连接输液港导管及港座并固定，再行 DSA 多角度透视以明确完全植入式输液港的通畅情况。完全放置完全植入式输液港后，用无损伤针进行港体穿刺。若不能顺利抽取回血，行 DSA 多角度透视可以发现港体导管成角、导管打折、港体翻转等情况，术中进行及时修正，避免二次调管手术，实现精准植入（图 2-12 至图 2-15）。

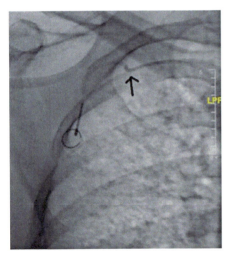

图 2-10　进入锁骨下静脉处导管有扭曲

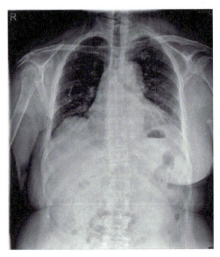

图 2-11　导管在皮下隧道转折处打折

4. DSA 可发现植入式输液港术相关并发症

DSA 引导下进行静脉穿刺，不仅可监控穿刺方向，避免进针过深、偏离造成气胸、胸腔出血，同时还可以及早发现穿刺导致的气胸、胸腔出血，并及时处理，避免致命性并发症的发生。

DSA 可发现夹闭综合征、导管破裂。在完全植入式输液港的使用过程中，常常出现输液不顺畅的情况。对于锁骨下静脉入路患者，排除导管尖端血栓、导管打折、导管脱落情况下，需要考虑是否出现夹闭综合征或有导管破裂可能。可采用经输液港座注入对比剂进行造影。若见造影剂外渗，而且穿刺点位于锁骨与第一肋骨夹角处，则可明确诊断夹闭综合征导致的导管破裂（图 2-16）。

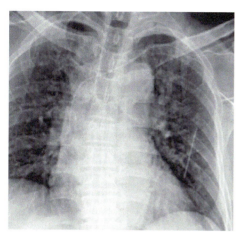

图2-12　左锁骨下静脉入路

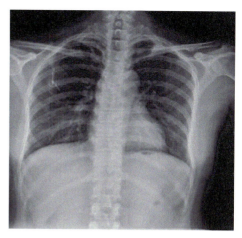

图2-13　右锁骨下静脉入路

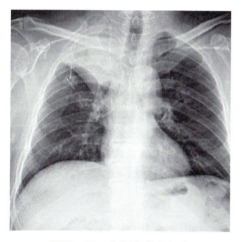

图2-14　右颈内静脉入路

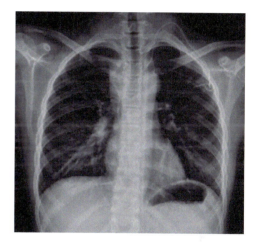

图2-15　左颈内静脉入路

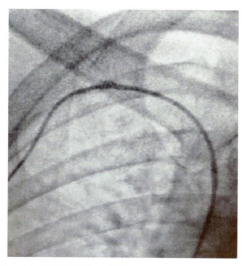

图2-16　DSA锁骨下静脉造影结果提示造影剂外渗

5. DSA 可用于处理导管脱落的抓捕

输液港港座与导管脱落的情况虽不多见，但时有发生。发生导管脱落的常见原因可能有：①在输液港植入术中操作时，港座与导管连接不够紧密；②植入输液港的患者在平时的肢体活动中置港侧上肢动作幅度过大，如长期跳广场舞、拖地等；③剧烈呕吐引起胸腔内压力剧增，牵拉导管；④在进行输液港导管维护时，冲封管用力太大、速度太快；⑤有夹闭综合征，行输液港植入术时，穿刺锁骨下静脉过于靠近内侧，锁骨与第一肋骨的夹角狭窄，患者在运动或采取特定体位时，骨性夹角与植入的导管反复摩擦，导致导管破损，甚至断裂、脱管。导管一旦脱落，容易进入心脏，可能导致心律失常、肺栓塞等严重并发症。若处理不及时，可能会危及患者生命。因此，一旦发现导管脱落，应及时采用 DSA 引导下介入抓捕的方法取出脱落的导管。

四、DSA 技术的优缺点

1. DSA 技术的优点

（1）可引导穿刺靶静脉。

（2）可监测导丝、导管走向。当送入导丝、导管不顺利时，可在术中透视，及时发现原因并采取措施，帮助手术顺利进行，实现手术 100% 成功。

（3）可精准判断导管尖端位置及观察输液港连接导管全程，实现精准植入，降低术后并发症。

（4）可及时发现术中气胸、血胸等术中并发症并及时处理。

（5）可通过血管造影判断是否存在血管狭窄、血栓，是否有导管断裂等。

（6）当出现导管脱落时，可用于抓捕脱落的导管。

2. DSA 技术的缺点

医务人员及患者均须接受一定剂量的 X 线。

综上所述，在完全植入式输液港植入过程中，DSA 的引导可大大提高中心静脉穿刺成功率，辅助导丝、导管顺利通行，确保导管及港座连接整个过程平顺，降低气胸、血胸、误伤动脉、导管扭曲打折等围手术期并发症，能确保导管尖端位于最佳位置，降低导管血栓等远期并发症的发生率。在完全植入式输液港放置过程中，DSA 的引导是可靠、安全、有效的一种方法。

（管玉婷　曾国斌）

第三节　心腔内电图导管定位技术在输液港植入术中的应用

2016 年，美国《静脉输液治疗指南》对中心静脉通路装置（central venous devices，CVADs）的尖端位置有明确的规定：于成年人和儿童而言，安全性最佳的中心血管通路的尖端位置为上腔静脉与右心房的交界处。如果中心血管通路装置的尖端位置送管过短，会增加静脉血栓、药物外渗风险；送管过深则可能会刺激右心房，引发心律失常或损伤心脏瓣膜。因此，置管术中导管的准确送入和及时定位是置管安全的前提。目前，输液港植入手术常用的对血管通路装置的尖端位置的判断有3种方法：第1种为输液港植入后行X线检查以判断导管尖端位置，该方法在输液港导管异位时不能及时在术中调整导管尖端位置，术后调整会增加导管调整的难度，影响患者的就医体验；第2种方法是术中用介入的数字减影机或单臂X光机来判断导管尖端位置，该技术增加辐射剂量，延长输液港植入的手术时间；第3种是利用心腔内电图（intracardiac electrocardiogram, IC-ECG）技术指导CVADs置管定位。

1949年，Hellerstein等为了探索盐水柱导管是否可以替代有金属导丝的导管来记录心腔内心电图时发现，当导管由右心房（right atrium, RA）进入右心室（right ventricle, RV）时，导管尖端所感知的P波及QRS波可出现明显的波形变化。他们最早提出，可依据此原理来判断导管尖端的位置。

近年来，腔内心电图应用于中心静脉导管尖端定位的技术逐渐被临床接受。该项技术于20世纪80年代开始用于中心静脉置管术中的导管尖端定位，用来观察置管过程中腔内心电图P波的特征性改变，以判断导管尖端是否进入上腔静脉及在上腔静脉内的位置。通过该技术可避免置管后行X线定位导致的辐射和减少患者的检查费用。研究结果提示，心腔内电图定位技术敏感性为99.3%，特异度可达100%，定位结果与X线定位结果的吻合率在83%以上。利用该技术可以将中心静脉导管置管的到位率提高到87%～100%。袁玲、赵林芳等将该技术成功应用在瓣膜式经外周静脉穿刺中心静脉尖端定位。目前，美国有800余家医院将其应用于经外周静脉穿刺中心静脉导管尖端定位且取代X线定位检查。输液港导管端的定位操作原理和方法与经外周静脉穿刺中心静脉和中心静脉导管途径相同。

一、心腔内电图定位技术基本原理

1. 心腔内电图定位中心静脉通路装置尖端的原理

IC-ECG技术结合心腔内心电图与体表心电图的特点。利用IC-ECG技术指导中心静脉通路装置置管定位，多选用模拟Ⅱ导联作为心电图的观察导联。临床上常用的模拟Ⅱ导联是由右锁骨下的阴极电极和左肋下缘的阳极电极构成，导联轴为阴极至阳极的假象连线，其主要反映两者之间的电位差，与体表Ⅱ导联近似。在利用IC-ECG技术对中心静脉通路装置尖端进行定位时，当导管尖端进入上腔静脉后，操作者需通过转换器将中心静脉通路装置替代模拟体表心电图Ⅱ导联上的阴极端，使其成为感知心电信号的腔内电极。电极尖端为中心静脉通路装置中的导电介质的尖端。此时，模拟Ⅱ导联上的P波主要反映心房除极波在二面投影的向量环外的在该导联轴方向上的分量。

由于置管过程中电极尖端与导管尖端的位置在不断改变，模拟Ⅱ导联的向量方向也在发生细微的变化，且当电极尖端接近或进入右心房时，其感知的电位大小由血管腔内的阴极与体表的阳极电势差转变为心腔内的阴极与体表阳极的电势差，因此，在电极尖端由血管腔进入心房时，心电图上所显示的P波大小及形态会发生明显变化。由此可推测，探测电极尖端与心房电位综合向量轴之间的相对位置关系及导管尖端与心腔之间的距离大小决定 P 波大小及形态。故导管尖端在上腔静脉及心房中不同部位所感知到的 P 波电压及向量方向不同，在心电图上则表现为 P 波大小形态不同。根据这一原理即可推测中心静脉通路装置置管过程中导管尖端的位置。

2. 心腔内电图引导定位中心静脉通路装置尖端时的 P 波变化规律

P 波形态变化可用来指导置管操作和导管尖端定位。当导管尖端位于外周静脉，如腋静脉、锁骨下静脉、颈内静脉、头臂静脉时，其心腔内电图 P 波振幅与体表心电图无显著性差异。当导管尖端进入上腔静脉时，其 P 波振幅逐渐升高，至右心耳位置最高，进入右心房 P 波振幅降低。心腔内电图定位技术能有效地帮助操作者确定导管是否位于上腔静脉，减少输液港植入过程中导管异位的发生。

3. 心腔内电图所需的导电介质

常用的导电介质包括金属导丝和电解质溶液，因两者的导电性存在差异，故通过其感知到的心腔内电图的振幅可能会存在差异。金属导丝或电解质溶液可感应并传送右心房内的电位信号，通过心内连接转换器将心房内心电图转换为体表心电图。监测 P 波振幅的改变，可判断导管尖端位置。当导电介质尖端位于不同位置时，心腔内电图 P 波形态产生特征性改变。

二、器材准备

1. 消毒敷料包

防渗垫巾 1 块、无菌手术衣 2 件、无菌无粉手套 2 副、保证最大化无菌屏障的治疗巾 2 块、洞巾 1 块、直剪 1 把、分格消毒盘 1 个、无菌镊子 2 把、无菌棉球 8 个、无菌纱布 5 块、止血带 1 根、尺子 1 根。

2. 输液港套件

穿刺针、导管及支撑导丝、插管鞘及扩张器、港体、引导棒、导管锁、无芯针、注射器。

3. 巴德改良塞尔丁格穿刺套件

B 超耦合剂、超声无菌探头套、导针器、穿刺针、导丝、穿刺鞘、刀片。

4. 穿刺引导及心电定位物品

血管超声仪、心电监护仪、心电适配转换器、定制的无菌单包装鳄鱼夹心电导联线 1 根、心电电极片 3 个。

5. 消毒液

2% 葡萄糖酸氯己定溶液、75% 乙醇溶液。

6. 药物

生理盐水 100 mL、12 500 U 肝素注射液 2 mL、2% 利多卡因注射液 10 mL。

7. 穿刺器械包

皮肤缝合线 1 根、弯止血钳 1 把、有齿镊 1 把、无齿镊 1 把、持针器 1 把、手术剪 1 把、拉钩 1 把。

8. 其他物品

10 mL 注射器 1 个、20 mL 注射器 1 个、肝素帽 2 个、12 号无菌针头 1 个、无菌纱布

5块、无菌开口纱布2块、记号笔、导管维护手册、手消毒剂、利器盒、垃圾收纳袋。

三、心腔内电图定位技术的应用

1. 适应证

经颈内静脉、胸壁段腋静脉、锁骨下静脉、上臂深静脉、下腔静脉等穿刺植入输液港的术中判断（导管尖端是否到位）。

2. 禁忌证

安装心脏起搏器的患者、心律失常的患者、心力衰竭致心腔增大的患者。

3. 专用监护仪生理盐水导电腔内心电定位操作流程

（1）术前准备。

A. 患者。患者取平卧位或置管体位。患者体表无金属物。

B. 护士。着装整洁、洗手、戴口罩。

C. 用物。同前器材准备。

D. 环境。安静、整洁、光线充足、温度适宜。

E. 心电监护仪。连接心电监护仪：①用酒精棉球清洁粘贴电极片的局部皮肤。②调节监护仪，显示Ⅱ导联心电监测。③将监护仪的3个电极分别连接右侧锁骨中线第一肋间、右侧锁骨中线肋弓下缘和左侧锁骨中线肋弓下缘，并有专用电极线连接腔内心电装置（图2-17和图2-18）。电极片的位置以不影响手术区域、心电图显示清楚正常为原则。例如，行锁骨下静脉穿刺或囊袋位于锁骨下胸壁时，电极片应放置于左侧肩峰下或右侧肩峰下。④待心电图波形基线稳定后，记录并打印患者穿刺前基础心电图，重点观察P波的振幅和方向（图2-19）。

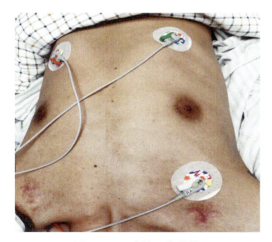

图2-17 连接心电监护

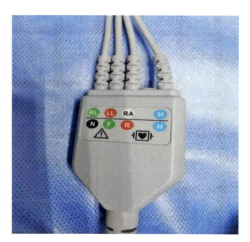

图2-18 心电监护电极片

（2）穿刺阶段。

A. 术前穿刺血管定位，并体表标记。

B. 常规消毒铺巾，行局部麻醉。

C. 血管穿刺成功，沿着穿刺针送入导丝10～15 cm。撤出穿刺针，将导丝留在原

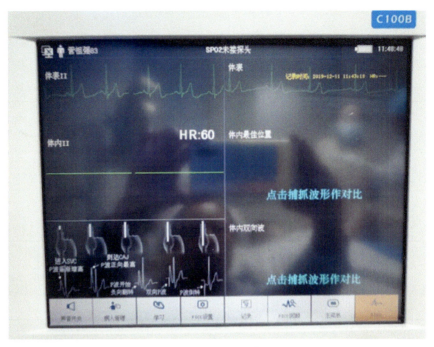

图 2-19 基础心电图

位备用。

D. 沿导丝送入血管鞘，撤出支撑鞘芯和导丝。

E. 通过血管鞘送入输液港套件内导管，送管至计划长度时，停止送管。抽回血，判断导管的通畅性，并初步排除导管异位的可能性。

（3）生理盐水导电导管尖端心腔内电图定位术。

A. 建立心腔内电导联连接。导管接肝素帽，用 20 mL 注射器抽取生理盐水，将针头 1/2 插入导管末端肝素帽，并推注 2 mL 生理盐水。无菌鳄鱼夹心电连接线（图 2-20）一端夹住针头金属处，另一端连接监护仪 H 导联接头（图 2-21 和图 2-22）。

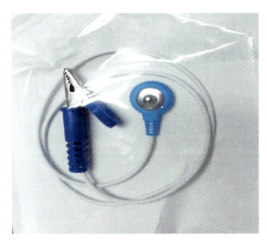

图 2-20 无菌鳄鱼夹心电连接线

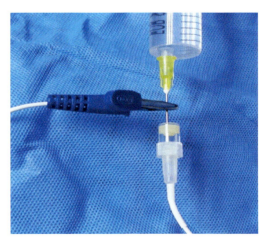

图 2-21 心电连接线鳄鱼夹端夹住针头

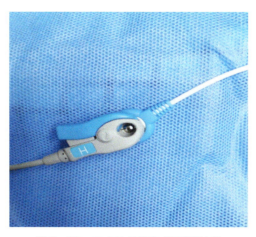

图 2-22　心电连接线与 H 导联连接

B. 根据实时引导的心腔内电图 P 波的变化行导管尖端定位。使用末端开口导管时采用生理盐水导电法。缓慢推注生理盐水并缓慢送管，一边密切观察监护仪显示屏，通过判断心电图波形的 P 波形态变化来辅助导管定位。导管尖端进入上腔静脉后，P 波逐渐增高；当 P 波达高峰和/或出现双向 P 波（图 2-23）时，可判定导管进入心房。

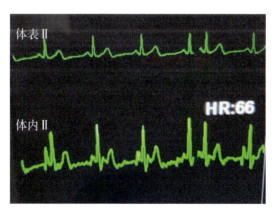

图 2-23　腔内心电 P 波双向变化

C. 当心电图显示 P 波达到最高振幅（即特征性 P 波）时，后退导管至 P 波振幅为 QRS 波群的 50%（图 2-24）。该位置为导管尖端最佳位置，停止送管。记录导管长度并打印心电图（图 2-25）。

D. 操作者切开皮肤，制作囊袋，连接导管和港体，完成输液港植入。

E. 再次确认腔内心电图 P 波变化。用 20 mL 肝素注射液稀释液注射器连接无损伤针头，左手示指和拇指固定好港座，右手轻柔垂直地将无损伤针头插入港座，回抽观察有无回血。见回血后，以脉冲方式冲管（图 2-26）。检查植入式静脉输液港导管的通畅性，确认连接牢固。以无菌鳄鱼夹心电连接线一端夹住针头金属处，另一端连接心电适配转换器。缓慢推注生理盐水，观察心电图 P 波的变化，确认导管位置后使用拉钩将港座置入皮下囊袋中。

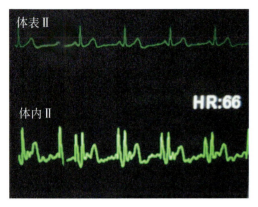 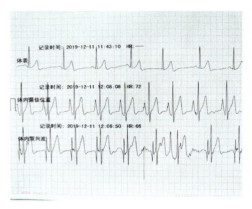

图2-24 腔内心电P波高尖变化　　　图2-25 打印3个标志的心电图

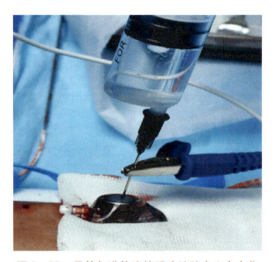

图2-26 导管与港体连接后确认腔内心电变化

F. 用20 mL肝素注射液稀释液注射器连接无损伤蝶翼针并排气。左手示指、拇指和中指固定好港座,右手轻柔垂直地将无损伤针插入港座。回抽观察有无回血。见回血后,以脉冲方式冲管,检查输液港导管的通畅性。无损伤蝶翼针保留于局部,起到固定港座的作用。最后确认心腔内心电P波情况(图2-27)。

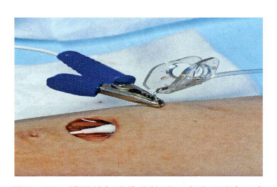

图2-27 蝶翼针与港体连接后,确认心腔内心电

G. 缝合切口，完成手术。

4. 普通监护仪导丝导电心腔内电图定位操作流程

（1）术前准备。

A. 患者。患者取平卧位或置管体位。

B. 护士。护士应着装整洁、洗手、戴口罩。

C. 用物。用物同前器材准备。

D. 环境。安静、整洁、光线充足、温度适宜。

E. 连接心电监护仪：①用酒精棉球清洁粘贴电极片的局部皮肤。②调节监护仪，显示Ⅱ导联心电监测。③将监护仪电极线分别固定于右侧锁骨中线第一肋间、左侧锁骨中线第一肋间、左侧锁骨中线肋弓下缘。电极片的位置以不影响手术区域，心电图显示清楚正常为原则。例如，行锁骨下静脉穿刺，或囊袋位于锁骨下胸壁时，电极片应放置于左侧上肢肩峰下、右侧上肢肩峰下、左侧肋缘与腋中线交界处（图2-28）。④待心电图波形基线稳定后，记录并打印患者穿刺前基础心电图，重点观察P波的振幅和方向（图2-29）。

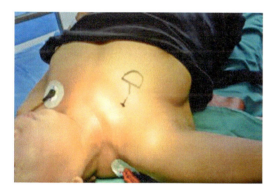

图2-28　连接心电监护仪

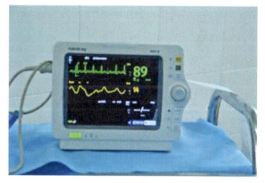

图2-29　观察并打印基础心电图

（2）穿刺阶段。

A. 术前穿刺血管定位，并体表标记。

B. 常规消毒铺巾，行局部麻醉。

C. 血管穿刺成功，沿着穿刺针送入导丝10～15 cm。撤出穿刺针，将导丝留在原位备用。

D. 沿导丝送入血管鞘，撤出支撑鞘芯和导丝。

E. 通过血管鞘送入输液港套件内导管，当送管至计划长度时，停止送管。抽回血，判断导管的通畅性，并初步排除导管异位的可能性。

（3）导丝导电心腔内电图定位法。

A. 将转换器的小夹子夹到右上电极上（图2-30），心电监护仪的右上纽扣接在转换器按钮上，使无菌导联线有夹子的一端夹住中心静脉导管的导丝（图2-31），在另一端插入转换器上的孔里（图2-32）。

B. 将转换器调在腔内心电图档，观察P波及QRS波变化，同时记录并打印心腔内心电图（图2-33）。

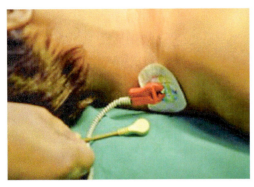

图2-30 更换转换器电极

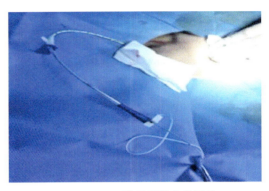

图2-31 无菌导联线夹住导丝

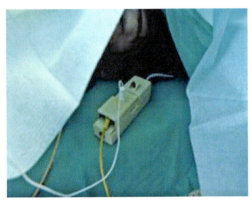

图2-32 无菌导联线连接转换器

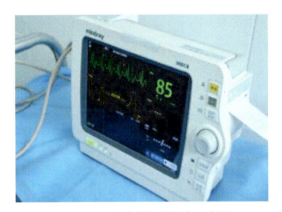

图2-33 观察并打印腔内心电图

C. 建立心腔内电图导联连接。经血管鞘送入输液港套件内导丝,当送导丝至约30 cm时,停止送导丝。将无菌鳄鱼夹心电连接线一端夹住外露导丝,另一端连接心电适配转换器。

D. 根据实时引导的心腔内电图P波的变化行导丝头端定位:缓慢送导丝,密切观察并打印实时心电图。当心电图显示P波达到最高振幅(即特征性P波)时,后退导丝至P波振幅为QRS波群的50%(该位置为导管尖端最佳位置),停止送导丝。测量此时外露导丝的长度。以导丝总长度减去外露导丝长度,得出体内导丝长度,也就是导管需置入长度。

E. 按照所需长度,将导管沿导丝送入血管内,并退出导丝。

F. 操作者完成输液港植入。

5. 操作技巧

(1) 熟练掌握心电图知识及P波变化规律。正确判断基础心电图,以及导管尖端不同位置对应不同的心电图特点。

(2) 使用生理盐水导电心腔内电图定位法时,须持续、匀速、缓慢推注生理盐水,并缓慢送管,密切观察心电图变化情况。

(3) 置管过程中排除心电图不稳定的原因,如电磁干扰。

(4) 首选右侧中心静脉置管,右侧比左侧更易获得稳定、清晰的心电图波形。

（5）借助心腔内电图导管定位法判断导管尖端位置方便快捷，可减少静脉置管术中导管异位发生率。但不能完全凭心电图变化判断导管尖端是否到达正确位置，因为并非所有的心电图都有标准变化。

（6）判断导管尖端是否异位的金标准为 X 线片。

（7）借助心电图判断导管尖端位置方便快捷，可减少静脉置管术中导管异位发生率。

（8）须缓慢推注生理盐水并缓慢送入三向瓣膜导管。密切观察并打印实时心电图。

四、心腔内电图定位技术的优缺点

1. 技术优点

（1）定位精准。不同个体存在上腔静脉解剖学差异，利用 P 波在上腔静脉、右心房等不同部位会发生特异性变化这一特点来达到精准定位导管尖端位置的效果。

（2）安全便捷。对于行动不便、难以搬动及昏迷患者，减少需要赴放射科来摄片或进行床边摄片的烦琐。

（3）实时一体。置管定位一体化，穿刺后不必再进行 X 线定位。

（4）经济合理，减少电离辐射。

（5）减少并发症。置管过程中能实时发现异位并即时调整，无须术后反复调整，减少并发症（如导管异位、静脉炎、感染等）。

2. 技术缺点

腔内心电图定位技术不适用于无法观察到 P 波和 P 波异常的患者，如心房颤动、心脏传导阻滞、肺心病、植入心脏起搏器或除颤器的患者。

（秦英　江群　李丹）

第四节　放射影像导管定位技术在输液港植入术中的应用

放射影像导管定位技术是指运用传统的 X 线片或透视、计算机断层扫描术（computer tomo-graphy，CT；不含 DSA，另章节叙述），辅助、指导完成输液港的植入及植入后观察、维护，其主要是指引导管走行及确认导管尖端位置，也可用于术前评估及术后随访。

一、CT 用于术前评估

肿瘤患者是接受输液港植入术的主要群体，术前须详细评估肿瘤病灶或转移灶对输液港植入的影响。输液港植入术前 2～4 周内应常规进行胸部及颈部 CT 平扫和增强扫描，通过 CT 影像学资料详细评估静脉穿刺点直至上腔静脉进入右心房整个的静脉通路有无外压或外压倾向，重点判断有无上腔静脉压迫综合征及腋窝、下颈部、锁骨上下窝是否存在肿大淋巴结，影响导管的置入及植入后血栓发生的风险。尤其是在恶性淋巴瘤、小细胞肺癌及部分非小细胞肺癌的患者中常常可见血管受压情况（图 2－34）。CT 扫描有常规 5～10 mm 的层距，也有 1～3 mm 薄层扫描，若需要观察血管的走行及连续性，应行薄层扫描，这样能更好发现血管不明原因的折弯、跳跃、中断（图2-35），以免导致输液港导管进入困难或增加血栓、堵管的发生率。若发现血管异常，应更换血管入路，最好在有血管造影条件下行输液港植入术。

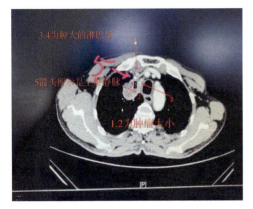

图2-34 非小细胞肺癌、上腔静脉压迫综合征

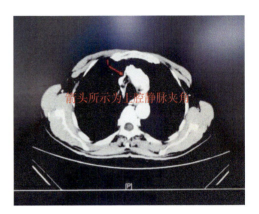

图2-35 血管走行异常

二、X线透视下输液港植入术

X线透视下输液港植入术的应用，是指在X线透视实时指引下穿刺靶静脉，并在透视下引导导管置入和确定导管尖端位置的一种技术。该技术在输液港植入术中无论在引导穿刺中心静脉、确定导管尖端定位、判断血管情况或识别输液港相关并发症方面的优势均类似于DSA引导下输液港植入术，同样可提高输液港植入的成功率，降低术中即刻及远期并发症的发生。X线透视需要的设备可以是胃肠透视机或小C臂X光机，这些设备大部分中小型医院均具备。若配备X线透视的手术室，则条件更加完备。因此，X光机可部分替代不具备DSA大C臂机设备来用于输液港植入术。

X线透视下输液港植入术的适应证、禁忌证及操作相关流程类似DSA引导下输液港植入术（参考第二章第二节）。若在影像诊断科的X光机房进行输液港植入术，应严格无菌操作，术前用消毒液拖地及紫外线消毒30 min。

X线透视下输液港植入术的一个优点是简单、经济。操作中的X线透视，可以展示导管尖端实际的位置和可能的异位。如果减少脉冲透视射线量（平均为54 mGy，范围为1～921 mGy），患者及术者接受的辐射剂量比较小。透视的另一个优点是，可以通过导管注射的造影剂更清晰地展示需要通过的复杂的静脉交汇点，但前提条件是患者无造影剂过敏史、肾功能正常。动态地直视导管尖端伴随呼吸运动及心脏搏动，较静态地观察围术期成像更加真实。当怀疑导管异位地进入胸腔静脉或奇静脉时，除了根据前后轴视野，可以90°地转动C臂以获得侧位视图来进一步确认。此外，如果导管尖端位于右心室，尖端可能呈现水平走行，且运动范围较大。

X线透视的局限性在于围术期X线透视成像可能会遇到图像不清或读片困难的情况。例如，上腔静脉和心脏边界之间的过渡本来就不明确。其他的标志（如第5或第6椎间盘）在屏幕上可能很难正确辨认。此外，X线投射角度的倾斜也可能加大视差效应。较之静态数字化 X 线透视,以及精确的血管造影技术设备提供的图像,手术室获得的低质量图像可能一开始难以显示一些异位的情况(例如,导管在上腔静脉的矢状平面弯曲折叠、导管位于胸廓内静脉或奇静脉,在前后位视野上显影靠近或位于上腔静脉的后方)。这些罕见的事件可以通过侧位拍摄来避免,虽然这不是惯常采用的做法。此外,在复杂治疗过程中,患者需要反复多次地进行放射线检查,虽然每次检查只接受微小剂量的射线量,但是这些辐射量在时间上具有累积效应。由于存在低剂量射线暴露引起的效应,操作中术者和患者都需要做好放射防护。对于妊娠妇女和共济失调、毛细血管扩张症患者(这些人群的电离辐射诱导的组织损伤敏感性高),不主张进行 X 线透视下输液港植入术。

三、胸部 X 线平片在输液港的植入术中应用

胸部 X 线正位或正侧位平片,是目前常用的判断输液港导管走行及末端定位的方法,可以在术中根据测量定位法或心电图定位法完成导管植入。为了进一步明确导管走行及确认导管尖端位置,可在严格无菌防护条件下,进行床边胸部 X 线摄片,根据摄片结果做出相应调整(图 2-36)。也可在术后进行,术后的胸部 X 线片仍然是评估中心静脉导管尖端位置的重要医学证明。植入术后进行胸部 X 线正侧位摄片,除了可以定位导管末端位置,还可以排除可能发生的气胸(图 2-37)。术后胸部 X 线片的局限性在于只能在输液港置管完成后进行成像检查。若发现导管位置不对,则需要新的干预措施以纠正导管尖端位置,使原计划的静脉治疗时间延后。在某些情况(如胸腺增大的儿童及罹患大量严重的胸腔积液、肺或纵隔肿瘤、心力衰竭、驼背、脊柱侧凸或肺部手术后患者)下,胸部平片图像中可见的导管尖端和其周围组织结构之间的关系不准确,且平片中导管的尖端位置可能因为导管随血流漂动而引起误判。这种情况下导管尖端位置应依靠位于上腔静脉冠状平面外的骨性结构来定位,并且这些骨性结构在平片图像中是可视的。由于导管和周围组织对比度不明显,故阻碍尖端位置准确评估的概率高达 15%。患者以标准直立位置拍摄的数字化胸部 X 线成像,同时兼顾侧位平片,可提高评估的准确性。

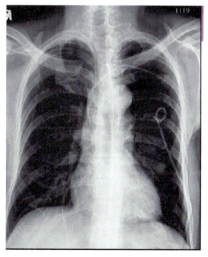

图 2-36 术中床边胸部平片显示导管尖端位置

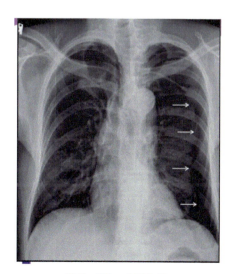

图 2-37 术后气胸

四、术后随访

输液港植入成功后,患者将接受长期静脉输注药物治疗。导管长期植入体内,由于肢体运动及其他因素,须定期复查其完整性及导管末端位置。因此,若输液不够通畅,应及时拍摄胸部正侧位片,观察导管走行,判断导管有无反折及压迫、导管末端位置有无移位等。对于肿瘤患者,建议在使用 CT 评估疗效的同时,观察输液港港体有无翻转、导管是否完整及导管末端有无移位。

(吴钢　汪嬿如)

第五节　超声心动图导管定位技术在输液港植入术中的应用

一、基本原理

超声心动图技术是利用超声波回声和多普勒效应的原理,探查心脏和大血管的解剖结构及功能状态,以获取有关信息的一种首选无创性技术。该技术可以清晰地显示心腔及其大血管腔内的结构,显示其内的异常回声,因此,可以用来定位输液港的静脉导管尖端。为了减少输液港术后相关并发症,延长导管使用时间,一般将导管尖端置于上腔静脉末端、上腔静脉与右心房交界处,但不进入右心房。可以采用经胸超声心动图(transthoracic echocardiography,TTE)和经食管超声心动图(transesophageal echocardiography,TEE)进行输液港静脉导管尖端的定位。

二、心脏超声的应用

(一) 经胸超声心动图

1. 概述

应用超声测距原理,脉冲超声波透过胸壁、软组织测量其下各心壁、心室及瓣膜等结构的周期性活动,在显示器上显示为各结构相应的活动和时间之间的关系曲线,用记录仪记录这些曲线,即为经胸超声心动图。

经胸超声心动图主要包括 M 型超声心动图、二维超声心动图和多普勒超声心动图。二维超声检查是超声心动图的基本检查方法,它将从人体反射回来的回波信号以光点的形式组成切面图像,能清晰、直观、实时显示心脏各结构的形态、空间位置及连续关系等。探头产生的声束进入胸壁后呈扇形扫描。根据探头的部位和角度不同,可得不同层次和方位的切面图。

2. 器材准备

使用的仪器为超声诊断仪(图 2-38),使用的探头为相控阵探头(图 2-39)。

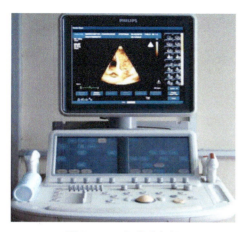
图2-38 超声诊断仪

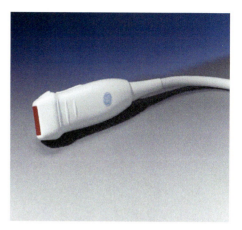
图2-39 相控阵探头

3. 操作流程

能清晰显示上腔静脉与右心房交界处的切面主要有心尖五腔切面和剑突下四腔切面。切面的具体操作方法如下。

（1）心尖五腔切面显示上腔静脉。受检者均取左前斜位，将探头置于心尖冲动明显处，声束指向心底部。扫查方向由左下向右上方，显示心尖五腔切面，此切面显示上腔静脉下段入右心房处。

（2）剑突下四腔切面显示上腔静脉。患者取平卧位，屈膝。将探头置于剑突下，声束方向与人体右肩左胁方向平行，显示四腔心切面。探头略向前倾斜，显示上腔静脉入右房段（图2-40至图2-43）。

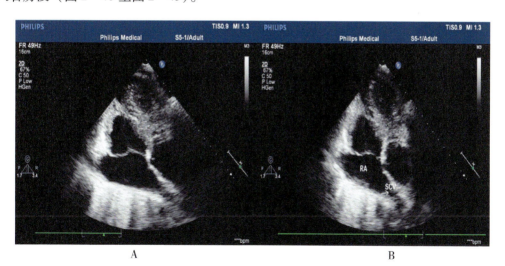

A、B为不同角度。

图2-40 上腔静脉入右房段

4. 经胸超声心动图定位技术的优缺点

经验丰富的心脏超声医师，通过经胸超声心动图能很好地探查到导管尖端位于上腔静脉下段及右心房内的影像，这是输液港静脉尖端定位的一个良好辅助手段。超声还具

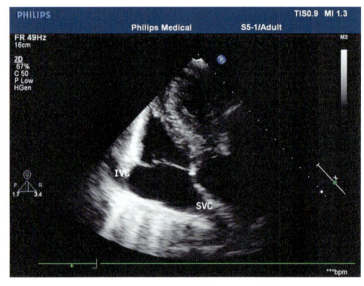

图2-41 显示上腔静脉和下腔静脉

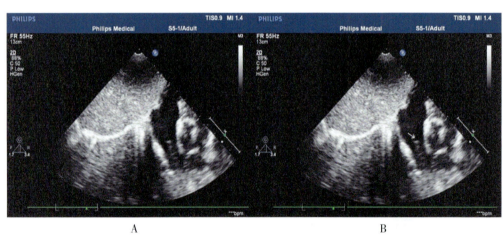

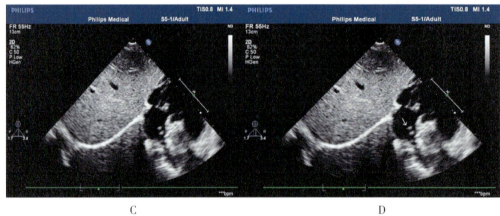

A—D 为不同角度。

图2-42 显示输液港静脉导管尖端（成人）

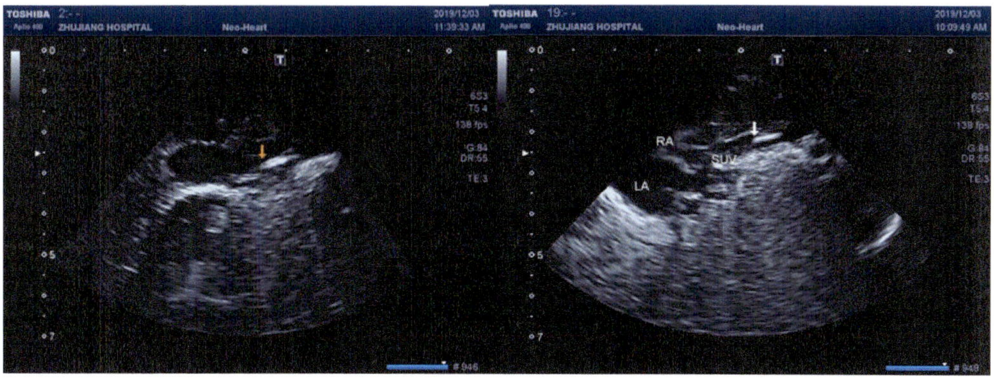

A、B 为不同角度。

图 2-43　显示输液港静脉导管尖端（新生儿）

备无辐射的优点，可保护患者和操作者，对孕妇等不能接受射线辐射的群体是一个很好的方法。但超声易受骨性标志物、探查深部组织透声性不佳等因素影响，导致成像效果达不到预期，而应用经食管超声心动图可避免以上干扰。

（二）经食管超声心动图

经食管超声心动图技术是将超声经食管探头（图 2-44）置入食管内，从心脏的后方向前近距离探查其深部结构，避免胸壁、肺气等因素的干扰，故可显示更清晰的图像，显著提高对心血管疾病诊断的敏感性和可靠性。该技术主要用于心脏手术中的超声监测与评价，不影响手术操作，成像清晰，成为术中引导操作的主要手段；同时，也用于观察左心耳、上腔静脉及肺静脉等经胸超声心动图较难显示的结构。

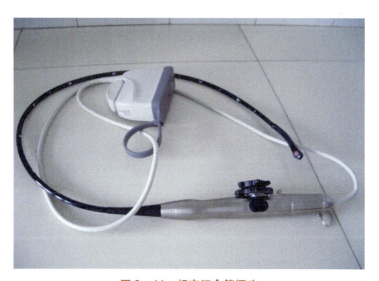

图 2-44　超声经食管探头

1. 操作流程

（1）检查前应确保接受经食管超声心动图检查者无相关禁忌证，如高热、麻醉剂过敏、严重心律失常及咽部或食管病变。检查全过程一般约为 15 min，时间不宜过长。

（2）行经食管超声心动图检查前应禁食、禁水，以保持空腹。

（3）患者做好咽喉部局部麻醉后，多取左侧卧位。

（4）检查者站于患者左侧，插管前先将咬口垫套在管体上，在探头表面涂抹消毒耦合剂。检查者向前轻微弯曲探头，经口腔舌根上方进入，探头进入咽部后嘱患者做吞咽动作，顺势快速推进，使之到达食管中段。

（5）通过超声探头的运动和探头内部晶片角度变换，可以衍生一系列超声切面。其中，食管中段双腔静脉/双心房切面（图 2-45）对上腔静脉入右房段的观察较为清晰。切面具体操作方法为：将探头置于食管中段，调整图像深度为 10~12 cm，角度为 90°~100°，或在上述食管中段两腔心切面的基础上将整个探头转向右侧改变角度或轻微右旋探头，下腔静脉（左）和上腔静脉（右）即可同时成像。

（6）检查完毕退出探头后，让患者平卧休息数分钟，同时检查患者生命体征，扶患者缓慢离开检查床。嘱患者 1~2 h 后进流食。

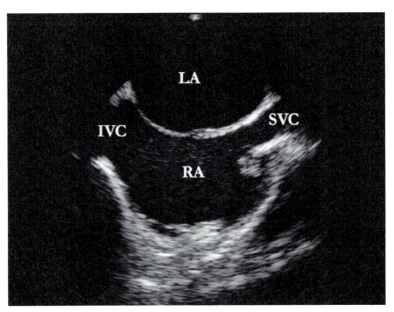

IVC：下腔静脉；SVC：上腔静脉；LA：左心房；RA：右心房。

图 2-45　双腔静脉/双心房切面

2. 经食管超声心动图定位技术的优缺点

研究表明，输液港静脉导管尖端位置过浅会增加静脉血栓的风险，减少导管留置时间；位置过深，进入右心房、右心室或下腔静脉，可能会导致心律失常、心腔病变、三尖瓣功能障碍或病变、血栓形成。导管尖端定位的准确性与实时性非常重要。超声作为临床常用的辅助检查手段可以提供很大帮助，是一个很好的方法。但对于非心脏超声专业的操作者，超声辅助尖端定位应具备较好的超声操作技术及经验，需要较长的学习曲线。经食管超声心动图技术为侵入性操作，如果只作为单纯的输液港尖端定位，患者难以接受。

现阶段，心脏超声技术用于输液港尖端定位时主要应用于新生儿和术中患者。相信随着超声技术的进步、医务工作人员操作水平的提高，超声技术将不仅在置管引导方面得以普及使用，还有希望连续地应用于输液港放置的全过程中，最终实现快速、安全、高效、无辐射的置入输液港的目标。

（黄鹤）

第六节　超声彩色多普勒技术在导管相关性血栓检查中的应用

虽然静脉血栓的诊断金标准是静脉造影，但超声检查因简单易行、方便快捷，既可判断血栓形成时期、病变部位及病变范围，又可动态观察血流状况和侧支循环情况，是早期无创诊断静脉血栓的重要方法，已经被当作静脉血栓检查的首选方法。尤其是接受外周中心静脉导管术的患者，导管的置入会导致产生血栓的概率增加，在对置管静脉进行拔管前评价、已产生导管相关性血栓静脉进行溶栓效果评估方面，超声因无创、价格低廉、无禁忌证等优势，在各种辅助检查中价值最大。

一、基本原理

（一）正常静脉超声声像图

1. 二维超声表现

正常四肢血管左右对称，管径清晰，自近心端至远心端逐渐变细。静脉管壁薄，有压缩性，管腔内均为无回声，可见静脉管壁上的瓣膜。正常静脉管腔在探头加压后血管被压瘪（图2-46和图2-47）。

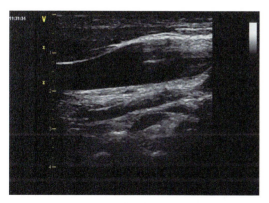 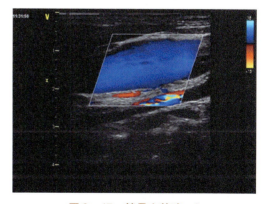

图2-46　锁骨上静脉-1　　　　　　　图2-47　锁骨上静脉-2

2. 彩色多普勒表现

正常肢体静脉的血流方向与伴行动脉的相反，血流频谱曲线在静止状态下为自发性血流，显示血流信号充盈良好，边缘整齐且呈持续性，其特点为随呼吸运动变化的单相、低速流向心脏的血流，曲线形态随呼吸有波浪起伏的变化。当挤压远端肢体静脉时，管腔内血流信号增强；当放松挤压或做 Valsalva 动作时，血流信号中断或出现短暂的反流。上肢静脉血流频谱形态与到上腔静脉的距离相关，越接近上腔静脉，频谱越易受心脏搏动影响（图 2-48 和图 2-49）。

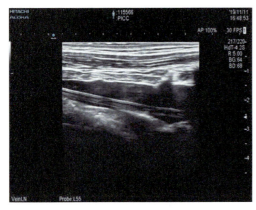

图 2-48　置管后静脉 -1

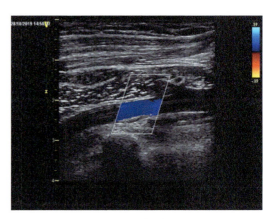

图 2-49　置管后静脉 -2

（二）深静脉血栓及超声声像图

深静脉血栓（deep venous thrombosis）是常见的血管疾病，此病常引发肢体肿胀、疼痛，影响患者日常生活，放置输液港后还可能导致输液失败或者置管时间缩短，更为严重的是可引发肺栓塞，因此，对深静脉血栓的早期诊断十分必要。实时超声可以显示血管的解剖结构、管壁情况、血栓的部位及栓塞的程度。上肢静脉血栓多由血管内膜损害引起，包括静脉导管插入的机械因素和静脉注射药物的化学刺激。

1. 二维超声表现

（1）病变的静脉管腔内有实质性回声，部分或全部占据血管腔。

（2）急性期的血栓为低回声，慢性期的为较强回声。

（3）探头加压时，管腔不能被压闭（图 2-50 和图 2-51）。

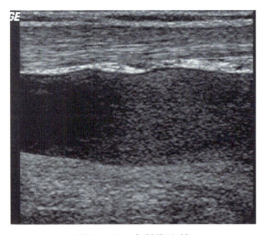

图 2-50　急性期血栓

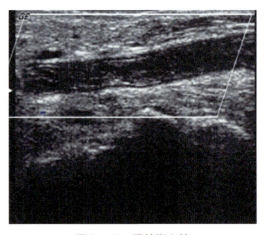

图 2-51　慢性期血栓

2. 彩色多普勒表现

(1) 完全栓塞（图 2-52）时，病变处无彩色血流信号。

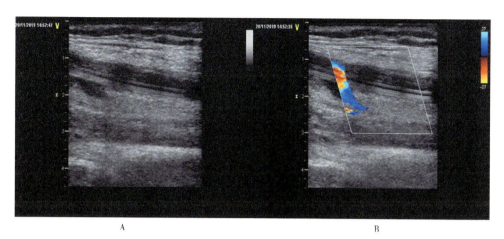

A：黑白；B：彩色。

图 2-52 导管相关性血栓（完全栓塞时）

(2) 部分栓塞（图 2-53 和图 2-54）时，于血栓边缘或中间有条带状或点状彩色血流显示，血流束明显变细，粗细不一。

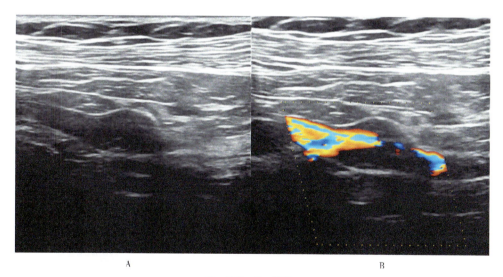

A：黑白；B：彩色。

图 2-53 深静脉血栓（部分栓塞时）

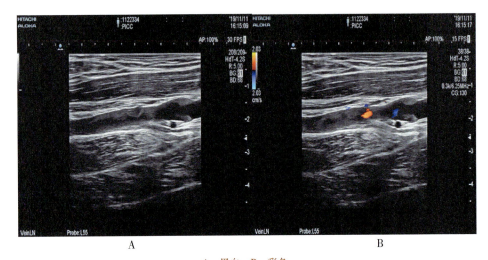

A：黑白；B：彩色。

图2-54　深静脉血栓（部分栓塞时）

二、器材准备

使用的仪器为超声诊断仪，使用的探头一般选用7.5～15.0 MHz线阵探头（图2-55）。

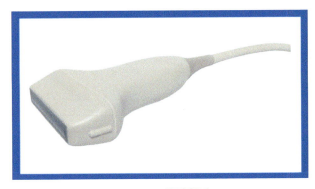

图2-55　线阵探头

三、上肢血管超声检查操作流程

上肢血管超声检查方法为：①患者取平卧位，上肢轻度外展、外旋。②先用二维超声扫查，然后以彩色血流显像，最后用频谱多普勒检测血流速度及相关血流参数。③沿血管走行方向和体表投影，由近心端依次向远心端进行扫查。在颈根部胸锁骨关节上方、锁骨上窝扫查锁骨下动脉、静脉。检查腋动脉、腋静脉时，将探头置于腋前皱襞处，先找到腋动脉，然后在动脉后内方显示腋静脉。将探头置于肱二头肌内侧沟以探测肱动脉、肱静脉。沿着肱静脉向肢体浅面走，最表浅一条为贵要静脉。最后观察前臂腕关节处尺、桡的动脉和静脉。

检查时，探头放置的压力应适当，以免管腔受压，特别是要避免静脉血管被压闭，影响检查结果。检查静脉时还可采取深呼吸、做Valsalva动作、抬高肢体、探头加压血管、挤压远端肢体等方法,判断静脉腔有无血栓及血流通畅情况。若静脉内有血栓,则其不能被压闭或不能被完全压闭。

四、血管超声技术的优点

超声检查操作简便、无创、价廉,不仅可以显示血流情况,还可以观察血管的解剖结构,显示血栓的部位、阻塞程度和回声特征。对于置入输液港的患者,利用超声对静脉血栓做出早期准确诊断可以尽早进行抗凝治疗,尽早恢复输液港的正常使用,减少肺栓塞的发生,并能成为观察静脉血栓治疗效果有效的随访手段。随着超声设备水平的不断提高,血管超声已经普及基层医院。希望超声能以其实时、便捷、准确的优势为临床提供更多帮助,做出更多贡献。

(黄鹤)

第七节 生物活性敷料在输液港伤口愈合中的应用

输液港作为肿瘤患者目前化疗首选的静脉通道,在给患者带来极大的方便的同时,也存在部分输液港植入术后伤口延迟愈合和后期感染的困扰。正确判断患者的伤口情况,选择合适的敷料进行干预和处理,均可以达到预期目的。

敷料作为暂时性皮肤替代物可起到保护创面、止血、防止感染、促进创面愈合等重要作用。理想的敷料应该既可以维持局部潮湿环境,又能释放药物,并兼备抗炎杀菌、有效地减轻患者的疼痛的功能。理想的敷料还可以加速皮肤形成再上皮化过程,清洁创面,为新皮生长提供潮湿、低氧的环境,从而提高皮肤修复,也为以后的功能修复提供必要条件。随着材料科学的发展,可作为敷料用的生物材料日益增多。

一、伤口愈合基础理论

伤口的愈合一般分为炎症期、增生期和成熟期。

(一)炎症期

炎症期在生理条件下约持续3天。机体组织受创伤后立即启动细胞和血管反应,最初血管反应包括5~10 min的血管收缩,以利止血,继而血管扩张,伤后约20 min时最为明显。此时血管通透性增加,多种细胞群渗入,包括多核白细胞群和单核细胞群。单核细胞成熟后即为伤口中的巨噬细胞,足量的巨噬细胞是伤口愈合的关键。

(二)增生期

增生期为伤口愈合的第2个阶段,细胞的增生主要为新血管的形成及肉芽组织填补缺损部位。伤后2~3天创面出现成纤维细胞,在第1周内成纤维细胞是创面细胞的主要构成细胞。伤口组织的愈合需要炎症期外周组织形成的成纤维细胞在凝固过程中形成纤维蛋白网,作为胶原合成的临时支架。被释放的细胞因子和生长因子刺激并调节细胞的移行和增生,参与新生组织和血管的形成。

(三) 成熟期

成熟期为伤口愈合的最后阶段，约始于第8天。不规则的胶原蛋白被分解，随之被稳定的胶原蛋白取代，胶原合成与降解达到稳定平衡时创面重建。此时表现为伤口面积缩小、创面上皮化，这也是创面治疗和护理成功的标志。成熟期包含一系列病理生理过程——上皮细胞的活化、迁移、分裂及分化。随着上皮细胞有丝分裂的增加，上皮细胞层的边界逐渐向前推进，直至覆盖创面。由于接触抑制现象，细胞移行停止，即伤口愈合。

二、生物活性敷料促进创面愈合的基本原理

（一）湿润的愈合环境

1962年，Winter首次证实，在密闭湿润环境下伤口的愈合速度比暴露于空气中的干燥创面的要快1倍。Odland发现，水疱完整的创面比破裂的创面愈合得快。湿润环境促进创面愈合的主要原因如下。

1. 湿润环境可促进生长因子的释放，刺激细胞增殖

创伤后，血小板衍生的生长因子（platelet-derived growth factor，PDGF）和转化生长因子β（transforming growth factor-β，TGF-β）被认为是最先释放的生长因子。TGF-β是具有广泛生物学效应的多肽细胞因子，来源于血小板、巨噬细胞、T淋巴细胞、增殖的上皮细胞、成纤维细胞等，在组织创伤、修复、炎症过程中起重要作用。TGF-β还是一种极强的免疫调节因子，能抑制多种免疫反应，对单核巨噬细胞等炎性细胞具有极强的趋化性，能诱导中性粒细胞和巨噬细胞向创伤部位补充，促进成纤维细胞增殖和细胞基质的合成，并能促进表皮细胞的增殖。此外，还有表皮生长因子（epidermal growth factor，EGF）、成纤维细胞生长因子（fibroblast growth factor，FGF）和白介素-1（interleukin-1，IL-1）等被释放到创面。这些生长因子发挥作用，需要一个近似生理状态的湿润环境，敷料在促进各类细胞及相应生长因子的释放及发挥作用中可能有重要作用。保湿性敷料能保持创面湿润，提供生长因子与创面组织密切接触的机会，刺激细胞的增生。

2. 湿润环境可加快表皮细胞迁移速度

Winter等的研究发现，结痂迫使表皮细胞的迁移绕经痂下，阻碍表皮细胞的迁移，延长愈合时间。湿润的创面能维持创缘到创面中央正常的电势梯度，促使更多的生长因子受体与生长因子结合，促进创面愈合。

3. 湿润环境可使白细胞功能增强

密闭的环境能有效隔绝外界细菌的侵入，防止感染创面细菌传播而造成医院交叉感染。同时，该环境潴留的创面渗出液含巨噬细胞、淋巴细胞、单核细胞等，其活性甚至和血液中的是相当的，这样有利于白细胞介导的宿主吞噬细胞发挥作用，增强局部杀菌能力。

（二）低氧/无氧、微酸的愈合环境

人们曾认为提高创面环境氧的浓度能加速上皮化率和增加胶原的合成，但在20世纪80年代中期，这一观念受到挑战。Knighton首次发现伤口的含氧量与血管增生的关

系，无大气氧存在时的血管增生速度是有大气氧存在时的 6 倍，由此产生密闭湿性愈合理论。离体实验表明，组织培养基中的成纤维细胞在低氧分压时生长最理想，表皮细胞生长在氧浓度高于周围空气时会受到抑制。临床已证实保湿性敷料能保持创面低氧张力而不受原发病程的限制。密闭性敷料利用相对密封与保湿原理，形成创面低氧或相对缺氧的微酸环境，能抑制创面的细菌生长、促进成纤维细胞的生长、刺激血管增生，从而更利于创面修复。

（三）酶学清创的愈合环境

研究结果显示，在密闭的湿润环境下，渗出液能释放并激活多种酶及酶的活化因子，特别是蛋白酶和尿激酶。这些酶和密闭性敷料本身（如水胶体）能促进纤维蛋白和坏死组织的溶解，有效地发挥酶学的清创作用。

（四）减轻疼痛

研究结果显示，保湿性敷料较传统敷料更能减轻创面疼痛和不适。这可能是湿润的环境可以舒缓和与保护暴露的神经末梢，并能避免敷料与创面粘连，有效地保护创面，减少更换敷料的次数和对创面造成机械性损伤。同时，一般湿性敷料外层具有弹力，与自身皮肤具有一定的顺应性，在肢体活动时不会限制创面的延展而加重创面疼痛。

三、生物活性敷料的种类

（一）薄膜类敷料

薄膜类敷料通常采用聚乙烯、聚氨酯、聚四氟乙烯等透明生物医用弹性材料。此类敷料透明、易于观察，可维持创面湿润，保持末梢神经浸没在渗出液中，减轻患者疼痛。但它几乎没有吸收性能，不适于渗液过多的创面，渗出物易积于膜下而引发感染。通常需要复合其他材料才能达到避免感染的目的。

（二）水解胶体类敷料

水解胶体类敷料由亲水胶态微粒的明胶、果胶和羧基甲基纤维素混合形成。胶原敷料通常以动物 I 型胶原或 III 型胶原制备而成，在创面愈合过程中可促进成纤维细胞增殖并加速创面内皮细胞的迁移，抗原性弱、生物可降解性良好，生物相容性好，经过适度交联后具有止血促凝作用。此类敷料可吸收过多渗液，具有清创、密闭创面作用。此类敷料不与创面粘连，换药次数少、无痛。但它不透明，有异味，脓液易外溢。

（三）水凝胶类敷料

水凝胶类敷料是将聚丙烯酰胺、环氧聚合物、保湿剂、交联剂等与药物混合而形成的空间网状充水交联体结构，是具有载药量大、无刺激、无致敏、含液体量大等特点的水胶联聚合物。此类敷料可避免创面组织脱水，保持创面的湿润环境。同时，水凝胶与创面组织接触时可发生反复的水合作用，能够持续地吸收创面渗出物，并依靠自身创面渗出液中的胶原蛋白降解酶降解坏死组织，进而有助于肉芽组织生长、加速创面愈合。此外，水凝胶具有温和的降温效果，可显著减低炎症发生率，减轻患者的疼痛感。但该敷料易发生膨胀而致敷料与伤口发生分离，无细菌屏障功能，容易导致创面周围皮肤浸渍；无黏性，易污染，需要勤换药及以外层敷料固定。

（四）泡沫类敷料

泡沫类敷料原材料通常采用聚氨酯、聚乙烯醇等，该敷料具有多孔结构，表面张力低，富有弹性，可塑性强，轻便，有利于吸收渗出液，氧气、二氧化碳等气体几乎能完全透过。泡沫型敷料可塑性强，可作为药物载体，对创面具有良好的保护作用，可提供一个温暖、湿润有利于创面愈合的微环境，而且质轻、患者感觉较舒服。但由于泡沫类敷料的多孔结构，肉芽组织易长入，脱膜时容易造成二次损伤，容易导致感染。该敷料无压敏胶，不能自行粘贴，还需要使用辅助绑扎材料来固定。此类敷料不透明，难以观察创面生长情况。泡沫类敷料多数为聚氨酯和聚乙烯醇泡沫。

（五）藻酸盐类敷料

藻酸盐类敷料是由一种类似纤维素的不能溶解的多糖藻酸盐制成的贴附性膜。该类敷料具有极强的吸湿性，能吸收相当于自身重量 20 倍的渗出物，能有效控制渗液并延长使用时间。创面渗出液中钠离子可与该敷料的钙离子等金属离子发生交换，不溶于水的藻酸钙转变成溶于水的藻酸钠，在伤口表面形成一层稳定的藻酸钠网状凝胶，使创面能够维持一个湿润的环境，并有助于血液的凝固。它能保持湿润环境，需要换药的次数少。但该敷料有异味，容易与创面粘连，需要辅助固定。

（六）生物膜类敷料

生物膜类敷料由薄膜弹性橡胶、尼龙、猪皮、羊膜、其他动物皮肤和动物的组织衍生物等材料制成。此类敷料可较好地贴附伤口，通透性可以调整，具有吸收和呼吸功能。此类敷料可保持创面湿润，可塑性强，透明性好，易观察，但使用不便，价格高。

（七）药膜类敷料

药膜类敷料由医用高分子材料、特效药物和中草药制成，如采用微囊技术将药物分散在无毒的聚合物中，形成一个半封闭的包扎层。此类敷料具有快速祛痛、止血、消炎等功效，令伤口湿润无菌，可刺激新生肉芽在膜下生长，加速组织愈合，又不影响洗浴，起到不用普通纱布而防止细菌侵入伤口的作用。它吸收渗液差，但可连续不断地释放药物以加速伤口的愈合。

四、影响输液港植入术后伤口愈合的因素

（一）外源性因素

1. 术中因素

（1）手术中的操作。手术中的操作可影响伤口愈合，以下操作导致伤口愈合较慢：操作者对切口保护不当，切口暴露久；机械牵拉、挤压等操作会引起皮下脂肪液化，导致伤口感染风险增加；手术中过度牵拉皮缘或使用器械夹持皮缘，皮瓣分离失当；伤口包扎过紧，使皮缘缺血缺氧；等等。

（2）流程管理。规范手术操作技术流程，如外科无菌洗手、患者皮肤准备、消毒溶液配置、空气质量监测方法等，流程标准的统一可降低术后感染机会。

2. 院内交叉感染

缩短术前住院时间，尽量减少患者与院内常居菌的接触，术后住院时间控制在 2 周

内，患者发生医院感染的机会大大降低。

3. 局部因素

（1）异物排斥，坏死组织。手术过程中或术后对伤口处理不当，导致伤口异物（如痂皮、不可吸收的羊肠线、坏死组织等）残留，由此导致伤口出现炎症反应，从而影响伤口愈合速度。痂皮影响伤口收缩过程；坏死组织是细菌培养的温床，它可将细菌包裹，不利于抗菌敷料起作用；不可吸收的羊肠线导致伤口难以愈合。

（2）术后伤口过于肿胀。术后伤口缝线过紧或周围组织受压，导致血流受阻，营养物质及氧气不能正常输送到伤口组织，伤口组织缺血缺氧，导致伤口延迟愈合。

（3）术后伤口干燥。表皮移行困难，同时缺乏促进血管及表皮生长的生长因子及蛋白溶解酶。

（4）伤口感染。所有伤口都存在被微生物污染的可能，少量的细菌活动于创面，伤口自身可直接清洁、去除，往往并不会影响伤口的愈合。但是，当菌落数超过 $1 \times 10^5 \, CFU/cm^2$，白细胞不能抑制大量细菌活动，中性粒细胞释放蛋白酶和氧自由基破坏组织，导致胶原溶解大量沉积、渗出增加、局部张力增加、伤口裂开等不良预后。

（5）局部摩擦、牵拉、压迫。局部摩擦、牵拉、压迫造成表皮和深部肌肉、骨骼受损，邻近关节的伤口过早活动加重炎性渗出反应。

（6）局部伤口组织是否缺氧。只有当伤口组织的氧分压足够大时，机体才可以维持白细胞杀死细菌的能力和维持成纤维细胞的增生及胶原蛋白的合成。

（7）换药方法。根据伤口情况拟定合理换药时间间隔及确定合适的敷料和消毒溶液，确认患者是否容易过敏或有高敏体质等。

（8）是否存在无效的纤维蛋白分解。

（二）内源性因素

1. 全身因素

（1）年龄。随着年龄的增长，机体各个组织细胞的再生能力逐步减弱。高龄人群较青壮年的炎性反应减慢。新血管与胶原合成减少，真皮的附着能力减低，皮脂腺功能降低，导致皮肤干燥，成纤维细胞的细胞周期明显延长，这些均可导致伤口愈合速度减慢。

（2）营养状况。消瘦、皮下脂肪薄、蛋白质的缺乏或消耗增加使机体处于营养不良状态，导致胶原蛋白合成受影响，伤口缺乏愈合必需的基质，从而影响伤口愈合。伤口愈合过程中必需的维生素及微量元素包括维生素 A、维生素 C、维生素 B_6、叶酸、铁、锌。维生素 A 缺乏可导致伤口炎症期正常的炎症反应不充分；锌参与伤口愈合的各个时期，若缺乏锌，愈合会受到影响。

（3）药物使用。

A. 化疗药物减少骨髓细胞成分，使炎症细胞和血小板数量降低，导致相关生长因子不足，延迟伤口愈合。

B. 类固醇药物的使用可增强胶原酶活性，并抑制巨噬细胞功能，使 TGF-β 的分泌减少，影响伤口愈合。类固醇药物还能稳定溶酶体膜，阻止蛋白水解酶及其他促炎因子释放，使血液中锌含量减少，影响伤口愈合。

C. 抗血管生成药物能明显抑制新生毛细血管的形成，抑制成纤维细胞的增生和胶原的合成，并加速胶原纤维的分解导致伤口延迟愈合。

D. 过量的抗炎药物抑制炎症反应期，导致中性粒细胞及巨噬细胞无法进入伤口，成纤维细胞和表皮细胞活动受阻。

（4）免疫功能。肿瘤患者化疗后，其白细胞减少，正常的炎性反应引导受阻，伤口愈合的正常进程减缓。

（5）是否有新陈代谢类疾病。糖尿病引起的动脉硬化导致血液循环受阻。此外，糖尿病患者因血管的病理改变，血流灌注低，组织缺氧，易致伤口感染。同时，周围神经病变导致感觉缺失，而血糖过高导致初期炎症反应受损，感染机会增加。肾功能衰竭导致全身血液废物排出、血压调节、水和电解质失衡，凝血功能发生障碍，伤口感染机会增加，愈合延迟。其他疾病，如尿毒症、肝病、白血病、变态反应性疾病等，均不利于伤口的愈合。动脉硬化、免疫功能缺陷等，也不利于伤口的愈合。

（6）是否有凝血功能障碍。伤口出血时间延长，导致巨噬细胞、成纤维细胞等不能正常发挥作用，影响伤口愈合。

（7）是否有血管功能不全。血管功能不全包括动脉功能不全和静脉功能不全。动脉功能不全时，局部组织没有足够的血流供应，出现缺血缺氧、伤口愈合延迟甚至不愈合；静脉功能不全时，下肢回流受阻，静脉压力升高，出现水肿，纤维蛋白原渗出至局部组织，阻挡组织中的氧气运输，不利于营养交换和废物排出。

（8）心理因素。焦虑、忧郁均可导致免疫力下降，不利于伤口愈合。伤口愈合的全身因素与局部因素相辅相成，最终影响伤口的愈合。患者在输液港植入术前需要进行全身与局部的评估，避免延迟切口愈合。

（9）是否吸烟。

五、生物活性敷料的临床应用及护理

（一）伤口局部评估

1. 外观
观察伤口缘对合是否平整，有无渗液，上皮生长是否良好。

2. 缝合部位
观察伤口是否有红、肿、热、痛等炎症迹象。无感染伤口一般度过炎症期后上述症状会逐渐消失。

3. 触诊伤口
诊查伤口有无波动感，引流是否通畅。伤口有波动感提示伤口内可能有积血、积液或积脓。存在伤口内血肿时，外观可见皮肤瘀斑，能触摸到局限性包块。若通过外层敷料仍可见鲜红的血液或血凝块，提示伤口有活动性出血。

4. 伤口相关并发症
观察手术伤口有无缝线异物反应、脂肪液化，并根据并发症的情况选择扩创、切口引流或保护切口，依据切口渗液情况选择合适的敷料。

（二）手术切口护理

一般对输液港术后切口采用缝合方法，也可采用医用生物胶黏剂进行黏合与修补。它不受过高的热或压力的影响，也不受黏合部位水分的影响，生物相容性好，可被适度吸收，便于手术后皮肤的黏合。医用生物胶黏剂适用于输液港植入术后切口边缘整齐，可能有缝线排斥、出血量少、出院后拆线不方便的患者。它也可以止血止痛，有效抑制成纤维细胞的生长，促进置港处切口愈合，减少瘢痕的产生。

（三）窦道伤口处理

输液港拆线后若伤口迁延不愈，会导致缝线处伤口窦道形成，港体连接口外露，可以根据伤口有无坏死组织来选择合适的敷料。若伤口窦道新鲜，无坏死组织形成，可采用含银离子油纱填塞窦道伤口和行低位引流。含银离子油纱是一种非闭合性的抗菌脂质水胶体，含有羧甲基纤维素钠，分布在含凡士林和抗菌药的聚酯氨纤维网中，不会粘连于创面，填塞于有窦道的伤口有利于敷料的及时取出，避免窦道内敷料的残留。含银离子油纱与伤口接触时可形成一层湿润的脂质水凝胶，有效促进伤口愈合。持续有效的银离子释放，可促进伤口肉芽组织形成，有利于窦道伤口愈合，且有效保护港体。

（四）感染伤口护理

大部分手术切口都能在预计时间内痊愈，少部分因为各种情况继发切口感染。在护理感染切口方面，除了参照清洁切口的护理方法，其余注意事项如下。

1. 充分引流

感染伤口一般都会有局部红肿、渗液增多、疼痛等不适，应将伤口扩开，在伤口内放置引流条，把感染性渗液排出体外。引流条不要填塞过紧，注意低位引流。

2. 选择合适的敷料

（1）炎症期。渗液量大，以引流通畅、抗感染为主要目的。促进引流的敷料可选择含银油纱、脂质水胶体、磺胺嘧啶银脂质水胶体、高渗盐敷料等。抗感染敷料可采用纳米晶体银、亲水纤维银、藻酸盐银、聚维碘酮软膏等。根据渗液量确定敷料更换频率，一般每天或隔日更换敷料。

（2）增生期和成熟期。以保持湿度平衡，促进肉芽生长为目标。常规使用藻酸盐、亲水纤维等敷料。当渗液量减少，红色肉芽组织生长良好时可直接用输液贴拉合。可选用纱布或胶布作为外层敷料，一般隔3～5天更换外敷料。也可选用水胶体、泡沫敷料外层加弹力胶带拉合。

（3）合理使用抗生素。若有切口感染，应规范使用抗生素。对迁延不愈的切口做细菌培养和药敏试验，为选择抗生素提供可靠的实验室检查依据。若感染铜绿假单胞菌、溶血性链球菌，必须接受全身抗感染治疗。

（五）术后静脉炎处理

静脉炎的发生，一般与导管植入后或者静脉输入药物的酸碱度、药物渗透压，以及穿刺针的型号、同一部位穿刺的频率等因素相关。预防导管损伤性静脉炎，可选用水胶体薄型泡沫敷料或透明水胶体敷料，有效预防和治疗输液港穿刺可能导致的导管损伤性静脉炎。一般在输液港植入后当天使用，在置港静脉处覆盖5～7天。

六、常见的新型相互作用型敷料的优缺点

常见的新型相互作用型敷料见表 2-1。

表 2-1 常见的新型相互作用型敷料

材料种类	主要成分	优点	缺点	相关商品举例
海藻酸盐类	海藻酸盐	遇钙后形成凝胶并可吸收大量渗出液，为创面提供湿润环境，具有一定的止血功能	存在异味，不宜用于干燥或有痂创面	Algoderm、Sorbsan、Kaltostat（藻爱肤）
泡沫类	聚氨酯	多孔，良好的吸收容量和透气性，可保持创面湿性愈合环境，换药时不产生颗粒脱落，可在伤口内长时间存留，可剪裁	不方便创面观察，无黏性，不用于焦痂伤口	美迪芳（Medfoam）、Crafoams
水凝胶类	聚乙烯吡咯烷酮、聚丙烯酰胺、环氧乙烯等高聚物	具有一定的吸水作用，可向创面提供湿性环境。可促进肉芽和内皮细胞增生，降温，透气性强	敷料本身抗菌作用较弱，不适合大量渗出或出血创面	AQUACEL（施贵宝）、清创胶（康乐保）、TegaGel、NuGel（强生）
水胶体类	羧甲基纤维素钠、果胶、明胶等水胶体聚合而成	吸收渗液后可形成凝胶，可保持伤口的湿性环境，可紧密地粘贴创面皮肤而封闭创面	不利于脓液外流，所以不可用于感染创面	Duoderm（康惠尔）、Tegasorb（3M）、Comfeel（安普贴）
碳纤维类	人工活性炭纤维	无刺激、无细胞毒性，可吸收大量渗液，具有一定的抗炎作用。活性炭纤维具有高度红外线放射率，可促进胶原蛋白的形成和生长因子的分泌	单用时抗菌作用有限	KoCarbon、HZ 活性炭敷料、伤安素
多聚薄膜	聚乙烯等高分子聚合物	具有半透膜特性，可保持创面湿性环境。顺应性好，有自黏性	吸水性差，不适用于渗出较多的创面和感染伤口	Opsite（施乐辉）、Tegaderm（3M）、妙膜（保赫曼）

（胡丽娟　郭丹娜　甘华秀）

第八节　经静脉耐高压型输液港注射造影剂技术

一、基本原理

基于 CT 和造影剂成像技术可获取清晰的组织器官解剖视图，增强特定组织与周围组织的对比度，反映局部或全身循环状态，其中，造影成像技术主要运用高压注射技术。高压注射技术是借助高压注射器向静脉内推注造影剂和生理盐水，与 CT 或 MRI 影像学检查联合，旨在提高图像清晰度和影像学诊断率，更好地反映患者病情的一种技术。

静脉输液港高压注射造影剂是高压注射技术和静脉输液港技术的结合，工作原理主要与高压注射技术基本相同，主要区别在于连接的静脉通路不同。

二、器材准备

目前，国内常用的高压注射器主要由注射系统和遥控系统组成。注射系统包括连接控制面板的双筒高压注射器、针管加热器、连接电缆和外溢的探测附件。计算机系统可通过遥控系统可操作高压注射器。

三、输液港高压注射技术的应用

（一）禁忌证

目前的观点认为，经外周静脉穿刺建立的静脉通路理论上均可以用于高压注射，但并非所有的外周血管均可建立静脉输液港。尚未有指南明确指出经输液港行影像学检查时须选择哪条静脉通路，何为输液港注入造影剂的禁忌证亦缺乏临床证据和文献报道的支持，故从知识理论角度认为，凡是外周血管条件良好，适宜建立静脉输液港，且无造影剂过敏等相关并发症者，均可通过输液港进行影像学检查。

在关于癌症患者长期使用输液港的成本效益研究中发现，这类已发生外周静脉受损且需要化疗的患者使用输液港能够实现较大获益，可以减少一些与重复寻找外周静脉通路相关的问题的产生，故当这种获益亦存在于经静脉输液港高压注射造影剂患者身上时，可向患者建议使用这种治疗策略，即患者的临床获益亦为行输液港高压注射治疗的条件之一。

（二）操作流程

操作流程如下。

（1）一般以 2～5 mL/s 的速度将 60～100 mL 的造影剂注入静脉。当造影剂和盐水加载完成，程序调试完毕，设置注射压力、流速等相关参数后即可进行注射。

（2）耐高压型输液港植入完毕后须用腕带、识别卡等做好相应标识。在注射前须识别输液港是否为耐高压型号，管路是否配套；翻阅患者病例，明确患者是否有禁忌证，最后做好输液港维护等级管理工作。

(3) 对高压注射装置进行检查，并确认是否与耐高压型输液港正确连接。连接过程应严格遵循无菌原则，注射前应测试注射、回抽是否顺畅，确保装置运转正常。

(4) 造影剂注入完毕，注射停止后应按照正确步骤拆卸针筒，具体方法如下。

A. 取下注射器上的螺线管，按照操作说明隔离或取出套管针并按照生物危险性废物妥善处理。

B. 若高压注射过程中使用了外溢探测金属补片，应将其小心剥离并丢弃，切勿重复使用。

C. 打开注射针筒闸门并按照有毒废物处理条例妥善处理。

D. 关闭注射系统电源并用浓度适中的消毒清洁剂擦拭注射装置的外部灰尘及溢出的液体，但切勿令液体进入高压注射器内部。正确的清洁处理有助于维持高压注射系统良好的工作状态，延长其使用周期，降低其损耗、故障风险。

（三）操作技巧

高压注射建立的静脉通路多选用 18 G 静脉带翼留置针并连接压力性微量泵延长管，一次性静脉穿刺成功率、造影剂外渗率、CT 增强效果优良率、达到设定流速比例均较为理想，而关于经静脉输液港高压注射造影剂的临床案例报道相对较少。

近几年，临床上涌现许多高压注射装置，其中，高压注射器上压力预设通常为 300～325 psi，该数值是连接 18 G 留置针和短套管后反复多次测量而获得的，且延长管的强度、流速和压力设定均可满足要求，而耐高压型静脉输液港与压力注射器主要通过一个短管连接，短管的口径较小，可与近静脉端的非取芯针连接，后者的口径、长度均可适时调节。若设备连接的导管内径较小，可通过增加压力注射器的初始压力以保证正常流速和压力。

（四）注意事项

临床研究发现，CT 和 MRI 造影图像质量不仅与造影剂体积、注射部位与右心房的距离相关，还与造影剂的流速相关。造影剂的浓度越高，注射压力越高，流速越快，图像质量越高。造影剂总体积一方面与造影剂注射时间相关，另一方面与造影剂流速相关。造影剂注射时间较长，到达成像器官的时间便相对较长。但注射造影剂总量较多时可能会增加患者的循环负荷，使患者感到不适。高流速装置在一定程度上可解决造影剂总量过高的问题。目前，结合流体动力学知识可知，高压注射是实现造影剂高流速的重要方法之一。

(1) 输液港注射造影剂的操作风险。在输液港注射造影剂注射过程中，若出现操作不当或操作不规范等情况，则极易影响造影效果，引发安全事故。为降低造影剂外渗风险，维护输液港高压注射系统组件，提高造影剂注射的有效率，应对操作相关人员进行理论培训和技能培训，并通过实物展示、模拟操作、知识讲座、多媒体互动等形式让他们充分了解耐高压型输液港及高压注射器的材质、构造、性能和工作原理。临床应用前多进行实践模拟，提高无损伤针穿刺、高压注射装置连接，以及冲管、封管流程的熟练度，确保正确、熟练掌握方法后方可进行临床实践。建议新手在教师指导下完成初步实践操作。

(2) 影像学检查的风险。行影像学检查时使用完全植入式耐高压型静脉输液港的风险主要源于相关并发症，具体如下。

A. 造影剂密度过高、流速较慢导致输液港系统阻塞。这种情况主要与注射压力不足、造影剂选择不当有关，但临床发生率相对较低，可控性较强。

B. 输液港无菌操作不当引发局部感染。这种情况主要与输液港植入操作不当和护理不当有关，临床上无法完全避免此类情况，但可通过严格无菌操作将这类风险降至最低。

C. 高压注射器出现机械性损坏，造影剂外渗至软组织、静脉内膜，引发机体不适。造影剂外渗一方面与高压注射装置损坏有关，另一方面与血管压力过高、血管破裂有关。造影剂外渗可引发皮疹、皮肤潮红、咳嗽咽痒、血压下降、喉头水肿等不适症状，严重者可迅速发展为休克、支气管水肿，甚至是死亡。

D. 高压注射器的外部连接设备破损、导管破裂、非取芯针从硅胶隔膜喷出、输液港的硅胶隔膜破损等可导致注射压力降低，导致造影剂注射失败。研究结果表明，高压注射系统的机械损伤主要发生在非取芯针和蓄液棉之间的导管系统上游的连接处，这是因为非取芯针在整个通路中的口径最小，压力最高，高压注射过程中局部压力可超过300 psi，而国内相关文献报道较少。2004 年，美国食品和药物管理局（Food and Drug Administration，FDA）相关研究指出，经 CT 或 MRI 成像，用高压注射枪注射造影剂时发生约 250 起输液港、中心静脉导管或 PICC 导管系统破裂事件。这类事件发生后需要重新更换导管和植入设备，部分患者可能因导管碎片栓塞引发机体不适而被迫行介入手术治疗，这无疑会增加患者的治疗成本和心理压力。

（3）医护人员二次污染。医护人员在建立静脉通路，进行输液港护理过程中难免会接触患者血液、体液，由此可造成二次污染。这种并发症的临床报道率并不高，但实际情况可能较为严重，毕竟这类并发症短期并不会导致医护人员严重不适，多数事件未达到上报标准。

四、输液港高压注射技术的优缺点

经完全植入式静脉输液港通路属于一种新型血管通路系统，主要由港座和导管系统构成，可用于采血、输血、输注造影剂或化疗药物、输注肠外营养物质等，总体而言具有治疗方便、血管穿刺次数少、维护简单方便、使用时间长等优点，故正逐步受到国内临床工作者的青睐。临床应用范围开始逐步扩展，传统的静脉输液港对高压注射的耐受性较差。为满足高压注射的需求，各种耐高压型静脉输液港开始涌现，其中便包括可进行高压注射的静脉输液港。这类静脉通路的管路多为耐压的聚氨酯材质，能耐受 300 psi（约 2 068 kPa）或流速达 5 mL/s 及以上的高压注射，既可用于临床输液治疗，又可用于肠外营养支持治疗、肿瘤放疗及 CT 或 MRI 的增强造影检查。

（一）经静脉输液港高压注射造影剂的优势

经静脉输液港高压注射造影剂的优势如下。

（1）可维持造影剂输入的高速率，图像增强效果较为明显，且高压注射器配备的自动加热装置可有效降低造影剂的不良刺激。

（2）无须开瓶抽药，避免药物的二次污染，简化操作流程，提高操作效率。高压注射器还配备预填充和过压保护功能，可有效降低血管破裂、造影剂外渗的风险，且药物注射为单向注射，可避免药物回流，降低院内交叉感染的风险。

（3）植入和使用输液港是一种安全有效的策略。造影结束后还可继续应用此通路以补充液体及进行后续治疗，解决再次寻找外周静脉穿刺治疗的问题。这有利于减轻患者的痛苦，增加患者舒适度，减少患者的治疗费用，且可准确反映患者的病情变化，较适合需要频繁复查CT的癌症患者。此外，建立可加压注射静脉港还可用于临床肿瘤学的药效研究，这符合伦理要求，可实现成本效益最大化，且获取的较好质量的影像学图像可满足实体瘤疗效评价（response evaluation criteria in solid tumors，RECIST）标准。

（二）经静脉输液港高压注射造影剂的劣势

当前的研究和临床观察结果提示，经静脉输入造影剂的安全风险主要在于造影剂可在局部形成高渗透压，引起造影剂渗出，造成组织毒性损伤，导致皮肤软组织肿胀、溃疡甚至是坏死。目前，已有造影剂外渗引发骨筋膜室综合征的临床案例报道，故高压注射的安全管理十分重要。目前，国外研究结果显示，造影剂的外渗率仅为 0.04%～1.30%；而国内造影剂的外渗率则高达 2.0%～2.5%，且随着国内CT技术、MRI技术的快速发展，高压注射技术的注射速度从 2 mL/s 逐步提升到 6 mL/s，这无疑增加造影剂外渗的风险，故传统的静脉通路可能不再适用于高压注射。

五、经静脉输液港高压注射造影剂的管理

目前，临床医护人员和放射科医师对耐压型高压注射造影技术尚不熟悉，在使用过程中仍会出现一些问题，故安全管理应该从以下角度着手。

（1）临床上为了降低静脉输液港植入过程中发生感染、穿刺针错位、导管堵塞等的风险，应提高放射科医师对植入式静脉输液港的认识并要求他们具有一定的操作能力。

（2）成立专门的输液港造影剂注射放射小组，提早制订系统预案，规范临床操作，以便在静脉输液港系统出现问题或患者出现潜在并发症时及早进行处理和干预。此外，系统干预方案应将医护人员的静脉输液装置培训纳入其中。

（3）为了降低静脉输液港高压注射相关并发症的发生率，提高治疗安全性，建议在已经认证的可用于压力注射的血管设备中使用高压注射。此外，定期检查高压注射装置的外观、部件的性能等十分重要，长期、高频率地使用高压注射装置必然会导致部件的损耗，而这些损耗短时间内并不会表现出来。

（4）应使用具备特殊设计的高压注射装置进行注射以减轻装置机械性损伤，提高治疗安全性。在高压注射装置设计制作时可与制造商明确是否可经植入式静脉输液港安全推注药液、试剂、造影剂等，并以此作为产品的基本要求。多数静脉通路装置的注射压力仅仅通过体外测试，临床使用过程中的造影剂的加热温度、注射温度、植入方法及角度、静脉通路与高压注射针结合情况等细节问题可能与制造商给出的预定参数存在差异，故需要进行适当调整。

（5）输液港系统组件应全部满足压力注射需求，包括延长管、非取芯针等均可加压。建议临床上对可加压注射的输液管及相关组件进行临床标识。例如，用特殊的颜色

代码来标识，或用特殊的蓄液槽的结构来识别，亦可通过影像学技术进行标记和区分。

（6）执行压力注射前，应检查注射装置的注射、回抽功能是否正常，设备运转情况是否良好，导管的位置及尖端的解剖结构是否正确，并利用前沿探查视图排除异常移位、局部弯折等可能影响流速、压力的相关因素。非取芯针的定位和固定、静脉输液港系统组件的连接应由专门的、经过培训的医生或护士完成。

（7）在高压注射造影剂过程中应密切观察患者有无恶心、面色潮红、发热等不适症状。若患者出现上述症状，应嘱患者深呼吸以促进症状缓解。若患者周身出现斑疹等超敏反应症状，可给予葡萄糖酸钙（10 mL，静脉注射）、马来酸氯苯那敏片（10 mg，口服）；若患者出现喘憋、支气管痉挛、心悸胸闷等症状，应立即停止注射，与此同时，联合地塞米松静脉推注、葡萄糖酸钙静脉推注、经鼻导管吸氧及肾上腺素皮下注射等，并密切监视者的生命体征。若患者出现造影剂外渗并导致局部肿胀麻木，应立即停止注射，并局部用硫酸镁湿敷以促进消肿。

总之，输液港高压注射技术仍存在较大的改进空间，在优化过程中应遵循患者获益最大，尽可能消除并发症，减轻患者痛苦，提高患者舒适度，令成本效益合适，能够获得最佳的临床效果，能够投入较少的资源以实现较大限度的经济获益等。

（邓国羽　胡丽娟　余艳）

第三章 静脉输液港植入术的并发症

第一节 静脉输液港植入术的术中并发症及处理

一、静脉穿刺的并发症及处理

与中心静脉置管相似，静脉输液港植入术的第一步是成功穿刺并进入目标静脉（如锁骨下静脉或颈内静脉），建立输液港导管植入的路径。因此，穿刺并发症是主要的并发症，包括血管损伤、呼吸损伤、神经损伤及心律失常等。血管损伤包括动脉损伤、静脉损伤和心包填塞。呼吸损伤主要是血肿引起的气道受压或气胸。在本书的静脉输液港植入术的操作中，强烈建议行深静脉的穿刺时，采用超声引导下的穿刺。根据许多穿刺并发症发生率低的临床中心的经验，在超声引导下，局部的静脉、动脉、神经等结构非常清晰，可以有效地避免误穿刺到其他组织。

（一）动脉损伤

动脉损伤是中心静脉穿刺时较容易发生的并发症之一。

1. 发生原因

导致动脉损伤的主要原因是血管解剖变异。此外，采用解剖定位的盲穿也是其中的一个原因。

2. 临床表现

穿刺到动脉时会出现经穿刺针有鲜红色的血液喷出，或者回抽时出现鲜红色的动脉血。

3. 预防措施

避免穿刺到动脉的方法是在超声引导下穿刺，或在穿刺前操作者以超声查找动脉及静脉的相对位置并进行描记，对动静脉解剖变异或穿刺困难者尤为重要。

4. 处理措施

（1）正确的局部压迫。正确的局部压迫是处理动脉损伤的首选方法。进行局部压迫时，压迫的位置应该是动脉壁受损的位置而非体表的穿刺位置。正确的方法是，手的示指、中指及无名指沿动脉的走行方向进行压迫，三指均在皮肤穿刺点的近心端，中指的位置为动脉的穿刺点位置，压迫的力度不应阻断动脉的血流。对于颈动脉的损伤，一般按压可以止血；而对于锁骨下动脉的损伤，由于位置的因素，难以有效地按压。

（2）压迫时间。在中心静脉穿刺时，如果是 5 mL 注射器的针穿刺到动脉，应该局部按压 1～3 min。如果是静脉穿刺针穿刺到动脉，需要按压 5～8 min。如果曾置入穿刺鞘，压迫时间需要延长到 10～15 min。

(3) 严重并发症。一般止血后很少会引起后续的严重并发症，但偶尔也会有动脉血栓形成。而在穿刺困难、反复穿刺到动脉的情况下局部会形成血肿，在颈部可能影响呼吸而需要行动脉修补。如果血肿进行性增大而压迫气管，应立即行外科手术以清除血肿及修补动脉破口，也可以在介入的条件下行局部球囊扩张止血或行覆膜支架修补。

（二）静脉损伤

中心静脉穿刺时引起的静脉损伤可能会引起一系列的临床并发症，轻则出现静脉周围血肿或损伤静脉瓣，重则静脉穿孔至胸腔或纵隔，造成胸腔积液、血胸、纵隔积液或积血，以及发生乳糜胸。由于静脉压力比较低，静脉损伤导致血肿的情况往往可以自愈，但是行输液港植入的人群（尤其是肿瘤患者）往往存在高凝状态，可能在输液港植入后形成深静脉血栓。因此，对于反复穿刺怀疑有静脉损伤的患者，术后在排除出血倾向的情况下需要预防性地应用低分子肝素抗凝，以预防深静脉血栓形成。

（三）心包填塞

1. 发生原因

心包填塞是中心静脉穿刺置管时致命的并发症之一。穿刺置管时，若导管致上腔静脉、右心房或右心室戳伤、穿孔，则引起心包积血、积液，当液体或血液在心包腔或纵隔中急性积聚达 $300 \sim 500$ mL 时，即可引起致命的填塞。

2. 临床表现

在穿刺置管过程中或留置导管后，若患者突然出现发绀、面颈部静脉怒张、恶心、胸骨后及上腹部疼痛及呼吸困难；继而发生严重的、难以纠正的低血压，脉压变小、奇脉、心动过速、心音遥远，应高度怀疑心包填塞的可能。

3. 处理措施

(1) 立即停止静脉输液。
(2) 如果症状不能改善，立即行心包穿刺术以减压。
(3) 严密观察患者病情，防止再次出现心包填塞。

（四）气胸

气胸是锁骨下静脉穿刺置管较常见的并发症，其报道发生率为 $0.3\% \sim 3.0\%$。如果穿刺后患者出现呼吸困难、同侧呼吸音降低，应考虑气胸可能，行 X 线胸片检查可确诊。发生气胸时，如果是局限性气胸，可对患者进行严密观察，一般可自行恢复；若患者于插管后迅速出现呼吸困难、胸痛或发绀，应警惕张力性气胸之可能。应在无菌条件下穿刺抽气或行胸腔闭式引流。若气胸经一般处理得到控制，且导管位置正常，则无须拔除导管。避免出现气胸的方法是超声引导下的锁骨下静脉穿刺。

（五）神经损伤

中心静脉穿刺置管时也有可能损伤神经，如臂丛神经、星状神经节、膈神经等。患者可出现同侧桡神经或正中神经刺激症状，患者主诉有放射到同侧手臂的电感或麻刺感，有的患者还可能出现慢性疼痛症状。神经是否损伤与穿刺技术熟练程度及穿刺次数有关，多次、反复地操作致神经损伤的可能性增大。神经损伤症状的持续时间一般较短，往往很快可以缓解甚至消失。避免上述症状出现的方法同样是超声引导下的深静脉穿刺。

(六) 血栓形成及肺栓塞

中心静脉置管操作时间较长,或者反复操作可引起静脉内血栓形成。颈内静脉置管的患者发生血栓的概率较锁骨下静脉血栓的略高。在输液港植入术过程中,如果涉及静脉的操作时间长,如反复操作穿刺才建立导管置入路径,或者行锁骨下静脉穿刺致导管发生异位至颈内静脉,需要术中反复调整,在这些情况下,需要在静脉应用肝素抗凝,避免深静脉内血栓形成。如果在操作过程中患者表现出胸痛、胸闷、呼吸困难、氧饱和度下降甚至血压下降,应立即停止操作,给予吸氧及建立外周输液通道,必要时行肺动脉 CT 血管造影检查,明确是否存在肺栓塞。

二、导管置入过程中的常见情况及处理

(一) 送管困难

在深静脉血管鞘置入深静脉,拔出鞘芯后有明显血液涌出,证明穿刺成功。在这种情况下,输液港的导管置入一般没有困难,尤其是入路选择颈内静脉时。如果出现导管置入一段后出现推送困难,感觉有明显阻力,其原因可能是血管鞘出口紧贴静脉壁。这种情况在锁骨下静脉入路常见。处理的方法是保持导管推送力的情况下将血管鞘向后退出 1~2 cm。如果仍然存在无法推送的情况,后撤导管,反复尝试,或者边推注盐水,边推送导管,避免误入较粗的奇静脉分支。反复尝试失败时可以在 DSA 条件下行静脉造影,以明确是否存在静脉闭塞、静脉畸形、误入静脉分支及导管异位等。

(二) 导管异位

导管异位的发生率为 0.2%~1.7%,特指手术中导管尖端进入非上腔静脉的其他血管,如颈内静脉或锁骨下静脉。在行输液港植入术时,推荐导管尖端位置位于上腔静脉近右心房处,此处在 X 线或 DSA 下的具体位置具有个体差异,一般距离心包投影 2 cm 为宜,或者参考导管位于气管隆嵴下 (40.3±13.6) mm 或 2.4 个椎体、右侧主支气管下 2.9 cm。腔内心电图定位可作为不具备术中 X 线定位时的替代选择。

1. 发生原因

(1) 置入过程中的导管异位多发生在锁骨下静脉入路的情况下。若有纵隔肿瘤,或者纵隔淋巴结肿大,或者患者头部的过度偏向对侧,静脉的走向角度使导管更容易进入颈内静脉或对侧的锁骨下静脉。其他原因包括血管变异、血管闭塞、术前导管测量不准确等。

(2) 部分临床中心在输液港置入后可复查 X 线来确定导管尖端位置。在这种情况下,导管的移位主要是由于导管过短。若导管尖端在锁骨下静脉或上腔静脉上 1/3,导管尖端移位风险增加。

2. 临床表现

导管异位时患者主诉颈部不适,可导致颈部、耳周或肩区疼痛或异常感觉。当冲洗导管时,患者可能会闻及怪声。若发生颈内静脉异位,超声可以清晰地探查到同侧或对侧颈内有导管存在。移位导管可出现扭结、螺旋、环绕和卷曲,导致术中导管无法推送至正常深度、导管弯曲或无法抽出回血。异位的导管也是引起导管相关血栓的常见原

因，深静脉血栓形成时患者出现颈部或患肢肿胀，行静脉超声检查可明确诊断。

3. 处理措施

发生导管异位时，首先尝试体位改变，即患者将头转向穿刺侧，尽量使下颌靠近肩部，减小锁骨下静脉和颈内静脉的成角，从而使导管顺利进入上腔静脉。如果反复尝试，导管仍然处于异位状况，可以在 DSA 的辅助下将导管置入上腔静脉。导管异位是输液港植入后深静脉血栓形成的独立危险因素，如果在术中、术后发现，必须予以纠正并给予抗凝治疗。

（三）导管在皮下隧道成角

导管成角指导管在皮下隧道走行中形成角度，角度较大时一般不影响导管的通畅性。如果成角较小而形成锐角（图 3-1 和图 3-2），容易导致管腔闭塞，表现为推注和回抽血困难。在颈内静脉入路时，导管在皮下形成一个倒"U"的形状。如果颈部的横向切口较小，容易导致顶端形成锐角，进而导致导管闭塞。预防的方法是颈部横向切口略大，约为 1 cm，皮下充分予以分离，使顶端的弧线比较平顺。

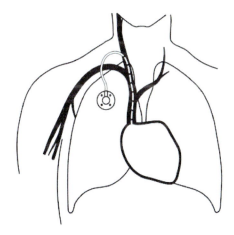
图 3-1　颈内静脉置管正常定形

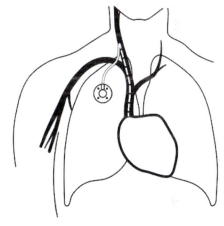
图 3-2　颈内静脉置管形成锐角

（四）导管尖端位置不佳

导管尖端的位置要求在上腔静脉与右心房的交界处。如果深入右心房，导管尖端随心脏收缩舒张而摆动，导致在导管尖端形成附着的血栓。如果附着血栓较大，直接拔除导管，导致肺栓塞的风险较大，往往需要开放手术来移除输液港。如果导管尖端未在上腔静脉，发生深静脉血栓的风险很高。目前，术中定位导管尖端的位置的方法很多，如心电图 P 波的观察、心电生理方法定位、DSA 下定位、术后胸片定位等。

三、其他情况

（一）导管内血栓形成

导管内血栓形成往往发生在操作过程中出现困难，而又未能及时用肝素盐水冲管的情况下。表现为推送盐水有明显阻力，无法回抽血液。当怀疑导管内血栓形成时，切忌暴力高压冲管，因为这样容易导致导管破裂。可以尝试尿激酶来保留溶栓。由于是新发的血栓，故往往可以溶解血栓。如果备有 0.018 in 或 0.014 in 的导丝，可以用来开通闭塞，然后再行尿激酶溶栓，效果更好。

（二）导管损伤（固定缝合时）

缝合固定时的导管损伤往往是初学者或助手在缝合操作中不慎导致，表现为术后输注盐水时局部出现肿胀或有液体从手术切口流出。预防的方法是每一针缝合均在直视且避开导管的情况下完成。另外，在将导管和输液港座连接时，避免使用止血钳直接钳夹导管。导管损伤一旦发生，必须立即手术以更换导管。如果有化疗药物的外溢，根据不同的药物，需要在局部进行相应处理。

第二节　静脉输液港植入术后早期并发症及处理

一、输液港港座囊袋血肿或积液

囊袋血肿是植入输液港后可能发生的一种相对常见的急性并发症。局部的血肿持续存在且吸收困难是导致后期继发感染的主要因素。出现严重感染症状后应当行二次手术以移除输液港，因此，要尽量避免囊袋血肿的发生。

（一）发生原因

（1）港座囊袋放置位置血供丰富。
（2）血小板低下及凝血功能障碍。
（3）小动脉损伤处理欠佳。
（4）港座囊袋直径过大导致局部渗出增多。
（5）对于女性患者，胸部的血运丰富而且往往需要在皮下的层次分离囊袋。

（二）预防措施

（1）选择港座囊袋部位时应避开可见血管。
（2）港座囊袋的分离在皮下脂肪及深筋膜之间进行。放置在深筋膜以下的患者发生囊袋血肿的概率更高。
（3）钝性分离皮下组织。
（4）对于出血较多的患者及女性患者，推荐应用电刀进行分离，避免术后血肿形成。

（三）处理措施

（1）必要时应延迟使用输液港系统，直至血肿吸收。可以尝试穿刺抽吸后局部加压包扎。大多数患者通常能自发吸收，不会对治疗造成延误。
（2）严重的血肿扩大、张力增高并伴有疼痛时，需要清除血凝块，确认出血部位并制止持续性出血。

二、手术切口裂开

行输液港植入术后，当发生切口裂开时，会伴随突然发生的局部疼痛感和伤口出血，多数患者主诉有局部皮肤张力突然降低的感觉，可见切口裂开，甚至可见港体。

（一）发生原因

（1）缝合不够坚实，对皮肤采用分层缝合。
（2）患者术后进行过度的肢体拉伸动作。
（3）特殊的患者人群，如婴幼儿，接受输液港植入术后被不恰当地抱过或过度活动。

（二）预防措施

（1）选择皮肤切口位置时应避免接受过放疗的区域及瘢痕部位。
（2）术前评估拟放置输液港港座的位置的皮肤营养状态。若患者皮肤薄或预计化疗后发生恶病质的可能性较大，建议港体植入得深一点，以保证港体外有足够的皮下组织覆盖，从而减少皮肤切口张力和保证足够的血供。

三、切口愈合延迟

（一）发生原因

（1）缝线时对皮不良。
（2）糖尿病或营养不良。
（3）伤口感染、血肿。
（4）治疗肿瘤的药物影响伤口愈合，如抗血管生成药物（如贝伐单抗），以及部分靶向药。

（二）处理措施

（1）局部换药，术后第2天使用安普贴敷料覆盖切口，促进伤口愈合。
（2）营养支持。
（3）暂停使用细胞毒性及抗血管生成药物。建议在停用影响伤口愈合的药物14天后才行手术。
（4）术后1周内避免剧烈运动。

四、机械性静脉炎

置管时的机械性损伤，留置期间导管对血管反复、持续的刺激，均可能导致血管内膜的损伤和增生。临床表现主要为局部皮肤变色、发红、疼痛、触痛、肿胀、化脓或可触及静脉条索。

（一）发生原因

（1）穿刺目标血管太细。
（2）术中对目标血管进行多次的穿刺损伤。
（3）导丝或导管对血管的机械摩擦。

(二)预防措施

（1）应用超声引导下结合改良型塞尔丁格技术以提高穿刺成功率，降低机械性静脉炎发生的概率。

（2）选择较粗的血管。

（3）在满足治疗的前提下，选择导管管径小的输液港。

（4）术后可使用湿性敷料，如水胶体敷料、软聚硅酮保湿敷料、水凝胶敷料外贴。

五、港体翻转

港体翻转的发生率很低。一些有特殊触摸标记的港体可通过触诊明确诊断，也可借助X线侧位片来发现各种港体翻转。临床中若发生90°翻转，患者会有异物压迫感，容易及时发现。若发生180°翻转式，患者的主观症状不明显，在进行穿刺时才被发现。港体翻转发生后，可以通过温和旋转港座纠正。纠正后输注液体时，需判断导管是否从港体脱落或有折叠扭转的情况。导管脱落或破损时，应行手术以切开复位。

(一)发生原因

（1）囊袋直径过大。

（2）术后港体固定不充分。

（3）术后患者进行大幅度牵拉运动。

（4）患者皮下松弛或脂肪层过厚。

(二)预防措施

（1）囊袋位置选择在受活动牵拉较小的部位。

（2）囊袋不宜过大，缝合时注意缩小囊袋直径。可将输液港底座固定孔与港座下方的肌肉筋膜缝合固定。

（3）术后留置蝶翼针，固定1周左右。可不进行输液港港体的固定孔缝合固定。大多数患者的固定孔1周后会逐渐被纤维组织填充。

（4）患者在术后应避免过度的术肢活动。

第三节　静脉输液港植入术后远期并发症及处理

一、导管相关性血流感染

导管相关性血流感染指患者在留置导管期间或拔去中央导管48 h内发生的原发性且与其他部位存在的感染无关的血流感染。败血症是静脉通路较严重的并发症。从导管尖端培养出来的较常见的微生物是体表菌群，如表皮葡萄球菌、金黄色葡萄球菌和链球菌属。完全植入式静脉输液港的感染可能没有局部的表现，而表现为不明原因的发热或全身性菌血症。在这种情况下，应该对输液港和外周静脉进行定量的细菌培养。如果诊断为导管相关性血流感染，抗生素治疗是必要的。也应谨慎考虑早期取出输液港。若患者使用适当抗生素治疗而临床状况持续恶化，则应紧急取出输液港。复发性感染和治疗完成后血培养的细菌检查结果为阳性是输液港取出的其他指征。

（一）发生原因

（1）手术环境不符合无菌手术的要求，医护人员的无菌操作及手卫生的执行不严格。

（2）患者体质差、抵抗力低下。

（3）港座周围皮肤卫生不好，或者手术操作范围内有皮肤溃疡或者感染。

（4）不合格的管理维护操作。

（二）临床表现

临床表现包括局部感染和全身感染。

（1）局部感染主要发生在穿刺部位、隧道和囊袋，表现为局部红、肿、热、痛，甚至皮下积脓等。

（2）全身感染主要表现为发热、白细胞升高等。

（3）留置输液港的患者出现港座周围局部症状，以及原因不明的发热或败血症等全身症状，应警惕导管相关性感染的可能。

（4）常见的导管培养细菌为皮肤菌群。近年来，革兰氏阴性杆菌及念珠菌引起的导管感染发生率也不断升高。

（5）确诊导管相关性感染应满足以下至少1项：①1次半定量或定量的血培养阳性，输液港留置处血标本数和外周血标本培养出相同微生物（包括种属及抗生素敏感性）；②输液港留置处血标本和外周血标本血培养菌落数之比不小于5∶1；③有血培养阳性时间差；④输液港留置处脓液或分泌物与外周血培养结果一致。

若不能满足以上条件，在排除存在其他感染病灶的情况下，以下情况可作为临床诊断：①临床表现为脓毒血症，且拔出导管48 h内症状好转；②导管培养结果为阴性，有至少2次血培养结果为阳性，且为皮肤共生菌。

（三）预防措施

（1）重视输液港维护的评估工作。定期评估港座周围有无出现红、肿、热、痛（判断是否存在局部感染或血流性感染）；近期有无出现高热；输液港底座或导管部分有无出现管体外露；触摸输液港底座，评估周围有无硬结及皮下组织有无波动。

（2）重视手卫生。用肥皂水洗手或使用含酒精的快速手消毒液消毒。接触穿刺部位前后，接触及维护导管或更换敷料前后均应执行手卫生程序；进行消毒处理后，不应再触碰穿刺部位，除非保持无菌操作。

（3）每次穿刺前严格执行无菌操作。

（4）以输液港港座为中心，先用75%的乙醇溶液，再用2%的葡萄糖酸氯己定溶液由内向外，顺时针、逆时针交替螺旋状摩擦消毒皮肤，消毒范围大于10 cm×12 cm，彻底消毒后待干。

（5）使用一次性无菌预冲式导管冲洗器。

（6）汗多潮湿时，应及时更换敷料。

（7）消毒正压无针输液接头。使用无菌棉片多方位擦拭接头的横切面及外围 15 s。

（8）当进行连续输液时，每次更换针头时可更换穿刺部位，避免同一穿刺口进行反复穿刺扎针。

（9）保持输液港周围皮肤清洁，可使用2%的氯己定沐浴液进行洗浴。

（四）处理措施

根据局部炎症反应程度酌情处理。轻度局部感染可使用碘酒、75%的乙醇溶液消毒，更换敷料。若怀疑为输液港引起的全身感染，应拔出导管并对其尖端做细菌培养，同时，应监测外周血与导管细菌培养结果，观察生命体征，考虑全身应用抗生素。警惕是否合并感染性心内膜炎。

二、导管相关性血栓及肺栓塞

导管相关性血栓（catheter related thrombosis，CRT）指导管外壁或导管内通路中血凝块的形成，发生率为2%～26%。导管相关性血栓是输液港常见的并发症之一，可发生在植入输液港之后的各个时期。

（一）导管相关性血栓形成

1. 导管内血栓形成

血栓导致的导管及其连接口的阻塞（无法注入）是植入的输液港计划外取出的常见原因。

2. 纤维蛋白鞘形成

纤维蛋白包裹着导管的外表面，从导管静脉插入点延伸到导管尖端，连同导管形成袖套状血栓，有时它可能延伸到导管之外。导管袖套状血栓是一种良性的并发症，但它会干扰导管功能，很容易发展为局部感染和败血症，进一步发展为不太常见的静脉闭塞性附壁血栓。静脉闭塞性附壁血栓可能会导致静脉部分或完全阻塞。在长时间放置的导管中，覆盖在导管表面的纤维蛋白鞘或导管尖端自由浮动的血凝块常会导致持续的回抽困难，直到完全不能抽吸。

3. 导管所在静脉的血栓形成

血栓的部位可以是颈内静脉或锁骨下静脉，血栓可以逆向蔓延至腋静脉；对于手臂型的输液港，也可以在导管所在的头静脉、贵要静脉及肱静脉内。在深静脉血栓形成的初期，血栓可以发生脱离而导致肺动脉栓塞（pulmonary embolism，PE）。两者合称为静脉血栓栓塞症（venous thrombo embolism，VTE）。以下主要针对这种静脉血栓给予介绍。

（二）发生原因

（1）多次的穿刺和不正确的导丝送入造成血管内膜损伤，启动内源性及外源性的凝血机制。

（2）不易弯曲的导管对血管产生的机械压力。

（3）留置血管缩窄导致管腔狭窄。

（4）患者的血液处于高凝状态，以老年患者、肿瘤患者常见。

（5）导管材料的生物相容性。

(6) 血流量减少及流速减慢。留置导管后，静脉血流减慢促进血栓形成，尤其见于前臂型的输液港。

(7) 使用抗肿瘤药物，如抗血管生成药物（如贝伐单抗），以及部分靶向药。

（三）临床症状

大多数中心静脉导管相关性静脉血栓形成的患者没有出现症状或没有特异性临床表现。

(1) 上肢深静脉血栓形成可能的临床表现有肢体肿胀、红疹、疼痛、远端肢体感觉异常。

(2) 肿胀常常在活动后加重，抬高患肢可减轻，静脉血栓部位常有压痛。

(3) 深静脉完全阻塞后，浅表静脉侧枝形成，患肢可出现浅静脉显露或扩张。

(4) 静脉血栓一旦脱落，可随静脉血流回流，进入并堵塞肺动脉，引起肺动脉栓塞的临床表现，患者突然发生不明原因的虚脱、面色苍白、出冷汗、呼吸困难、胸痛、咳嗽等症，甚至晕厥、咯血，严重者猝死。

(5) 确诊主要的辅助检查包括血浆 D-二聚体测定及多普勒超声检查。D-二聚体是反映凝血激活及继发性纤溶的特异性分子标志物，诊断急性深静脉血栓的灵敏度较高（99%以上），低于 500 μg/L（ELISA 法）的结果有重要参考价值。可用于急性静脉血栓栓塞症的筛查、特殊情况下深静脉血栓的诊断、疗效评估、静脉血栓栓塞症复发的危险程度评估。多普勒超声检查的灵敏度、准确性均较高，是深静脉血栓诊断的首选方法，适用于对患者的筛查和监测。其他辅助检查包括螺旋 CT 静脉成像及静脉造影。若怀疑患者患有肺动脉栓塞，可在急诊室行肺动脉 CT 增强扫描。

（四）预防措施

(1) 对患者进行术前 Wells 临床评分，通过 Caprini 风险评估模型进行深静脉血栓发生风险的评估，对高风险的患者进行预防性的抗凝治疗。

(2) 充分评估血管。减少频繁穿刺，选择导管与血管直径的比例不大于 33% 的静脉，导管尖端位置在上腔静脉或下腔静脉与右心房入口的交接点。

(3) 执行插管后的标准护理操作。

(4) 指导患者坚持进行手臂功能锻炼，促进血液循环。

A. 手指伸屈运动。五指依次伸屈，每天 2 次，每次 3~5 min。

B. 旋腕运动。上下活动手腕，配合内外旋转运动，每天 2 次，每次 10 min。

C. 屈肘运动。肘部屈伸运动，每天 2 次，每次 10 min。

D. 上臂旋腕运动。上肢缓慢上举过头，同时配合做手腕内外旋转运动，每天 2 次，每次 10 min。

E. 避免置港侧肢体长时间受压。

F. 每 3~6 个月进行常规复查，观察胸片及 B 超结果。

（五）治疗措施

(1) 抗凝治疗。抗凝是深静脉血栓的基本治疗，可抑制血栓蔓延、有利于血栓自溶和管腔再通，从而减轻症状、降低 PE 发生率和病死率。但是单纯抗凝不能有效消除血栓、降低深静脉血栓后综合征的发生率。抗凝的药物选择包括肝素、低分子肝素、华法林、直接Ⅱa因子抑制剂、Ⅹa因子抑制剂（间接、直接）。抗凝的疗程至少持续3个月。抗凝治疗的期间注意观察抗凝药物的出血等副作用。

（2）若患者无抗凝禁忌且输液港仍需要保留其静脉通道的效用，则保留输液港，无须移除。

（3）对于输液港相关的上肢深静脉血栓，临床指南暂不推荐行溶栓治疗及手术取栓治疗。上腔静脉系统的侧支循环非常丰富，临床症状多在抗凝治疗后短期缓解。

（4）一旦确定肺动脉栓塞的诊断，应积极进行治疗。肺栓塞的治疗目的是使患者度过危急期，缓解栓塞引起的心肺功能紊乱和防止再发；尽可能地恢复和维持足够的循环血量和组织供氧。对大块肺栓塞或急性肺心病患者的治疗包括及时吸氧、缓解肺血管痉挛、抗休克、抗心律失常、溶栓、抗凝及介入或行外科手术等治疗。

三、导管阻塞

导管阻塞是指血管内置导管部分或完全堵塞，致使液体或药液的输注受阻或受限，表现为输液速度减慢，或推注有阻力，回抽没有回血。避免高压冲洗，这可引起导管断开或迁移及静脉血栓栓塞。

（一）发生原因

1. 机械性

无损伤针插入位置不正确，输液港港座移位，港座翻转。放置导管时，装置固定不好。导管尖端位置不当，移位到颈内静脉、锁骨下静脉或奇静脉分支内。

2. 非血栓性

药物沉淀或大分子溶质（如脂质）沉积。不相容药物或溶液之间冲管不当。

3. 血栓性

纤维蛋白及血液存留，形成血凝块阻塞。血液呈高凝状态，冲管不充分，血液反流，有恶性肿瘤等。

（二）预防措施

（1）使用心腔内电图定位技术，或者术中DSA下行定位技术，提高导管尖端的准确性。

（2）术中使用无损伤蝶翼针固定港体，穿刺时将无损伤蝶翼针的斜角定向在导管与输液港主体连接处流出方向的反方向。

（3）掌握正确冲封管方法。使用脉冲式冲管，正压封管。

（4）避免负重、压迫穿刺侧，导管腔内回血及时冲管。

（5）评估药物配伍禁忌的可能性，给药前后用盐水恰当冲管，预防沉淀物形成。

（6）输注高黏滞性液体（如血液、全胃肠外营养液、脂肪乳剂、造影剂等）后，应立即予生理盐水冲管，再进行其他输液。

（7）连续性输液时，每8 h冲管1次。

（8）若发生静脉血栓，及时给予抗凝溶栓治疗。

四、导管移位

初始放置后,导管尖端从上腔静脉中自发移位。表现为回抽无回血,输注及推注液体障碍,患者主诉颈部刺痛或有气过水声、胸背部疼痛不适等。

(一)发生原因

(1)主要原因是体内导管过短。当导管尖端在锁骨下静脉或上腔静脉上 1/3 时,导管尖端移位风险增加。

(2)诱因包括频繁咳嗽、打喷嚏或剧烈呕吐,这些会导致胸腔内压力发生改变;暴力冲管;剧烈上肢运动;提重物或不慎牵拉外部导管。

(二)预防措施

(1)使用心腔内电图定位技术或术中 DSA 下定位技术,提高导管尖端的准确性。
(2)每 1~2 个月定期行 X 线胸片或透视检查,确定导管尖端位置。
(3)若发生剧烈咳嗽、呕吐等症状,要及时就医处理,避免上腔静脉压力增高。
(4)置管侧肢体不要负重 5 kg 及以上。不要做剧烈甩臂等运动。
(5)掌握正确冲封管的手法,动作轻柔。

五、港座囊袋皮肤损伤

输液港港座侵蚀穿透皮肤表面,导致港座囊袋皮肤损伤。

(一)发生原因

(1)植入输液港之后体重明显减轻。
(2)对输液港港座重复采用不当穿刺技术或非专用穿刺针穿刺。
(3)植入输液港之后伤口裂开。
(4)植入输液港之后输液港底座置入部位的伤口愈合不良。

(二)预防措施

(1)置管前进行全面评估。
(2)切皮时,掌握囊袋厚度 0.5~2.0 cm,切至浅筋膜,不能太浅。
(3)加强营养支持,保持体重。
(4)提高穿刺技巧,不要反复在同一部位进行穿刺。
(5)术后密切观察伤口愈合情况,必要时请外科会诊。
(6)若有指征,进行伤口细菌培养。

六、装置损坏

装置损坏会导致漏液、水肿、疼痛,无法抽回血。

(一)发生原因

(1)置入前或置入时损坏。例如,导管被割破、导丝或穿刺针刺穿导管、缝合针在缝合皮肤时刺穿导管。
(2)外部导管在置入后损坏,如因剪刀或夹钳而被割破。

（3）暴力冲管致导管破裂。

（二）预防措施

（1）置管过程中使用锐器时要动作轻柔，保护好导管及置管装置。

（2）在使用和维护过程中，要多听取患者的主诉。例如，若推注生理盐水时患者有冰凉感和胀痛的感觉，应及时请专业人员进一步确认是否存在导管破损。

（3）定期行 X 线检查，以确定导管尖端位置及导管完整性。

（4）使用 10 mL 以上的注射器进行冲封管。

七、药液外渗

（一）发生原因

（1）剧烈活动或频繁咳嗽引起无损伤蝶翼针移位。

（2）无损伤蝶翼针固定不牢，发生松脱。

（3）无损伤蝶翼针未完全置入输液港港体中。

（4）导管锁松脱导致导管和输液港座分离。

（5）未使用无损伤蝶翼针、穿刺隔或港座损坏。

（二）临床表现

输液时发现液体渗漏或囊袋肿胀，甚至在拔针后液体从针孔外渗，一般可明确诊断，必要时行导管造影以明确渗液点。

（三）预防措施

（1）使用大小适合及长度的无损伤针并确保针头稳定性。

（2）确保回血。输液前、输液中及输液后应确认回血。

（3）使用无损伤蝶翼针，防止穿刺隔损伤。

（4）使用透明敷料，以便对穿刺部位进行评估和监测，这不影响血液循环和药物治疗。

（5）在整个输液期间加强巡视，观察穿刺部位有无渗液、肿胀现象。

（6）做好患者的健康教育，让他们及时报告外渗的症状和体征。例如，穿刺点疼痛不适、肿胀，敷料潮湿等。

（四）处理措施

（1）一旦发现药物外渗，应立即停止输液并回抽药物，尽量减少局部的药物浓度，减轻药物对局部组织的刺激和侵蚀，为下一步治疗争取时间。

（2）对局部疼痛的患者可予局部封闭治疗，用生理盐水 5 mL、地塞米松 10 mg 和 2% 利多卡因注射液 10 mL 在超出外渗部位 0.5～1.0 cm 处进行局部软组织注射，每天 1 次，连续 3 天。

（3）局部外用糖皮质激素减轻炎症扩散，促进组织修复。

（4）应用 50% 的硫酸镁溶液或 95% 的乙醇溶液持续湿敷，配合理疗，以减轻红肿等局部症状。

（5）后期如果局部组织完全坏死又难以自愈，一般须切除坏死组织，再行植皮整形手术。

八、导管断裂或破裂

导管的断裂或破裂是输液港使用过程中的一种严重并发症，发生率为 0.1%～2.1%。

（一）发生原因

（1）导管位置不佳常造成导管断裂，常见于夹闭综合征（pinch-off syndrome），主要是导管经皮锁骨下静脉穿刺置管，进入第一肋骨和锁骨之间的狭小间隙时，受第一肋骨和锁骨挤压而产生狭窄或夹闭，进而影响输液，持续夹闭所致。夹闭综合征的发生率约为1%，但其导致导管断裂的发生率约为40%。

（2）其他因素包括大幅度频繁活动手臂和肩部的过程中压力和角度改变、植入手术中港座与导管接口处的位置不当、快速输液的压力过高、不适当的导管护理操作。

（3）植入时间长的输液港在移除时由于粘连或纤维化等会遇到困难而导致导管断裂。

（二）临床表现

血管外导管部分发生导管断裂的典型临床表现是输液后液体外渗。静脉内导管断裂的患者还可出现感染、肺脓肿、心律失常、上腔静脉压迫综合征、右心房穿孔，甚至猝死。大部分断裂的导管紧贴血管壁，从而使患者无任何临床不适表现，常通过X线或CT检查才意外发现。

（三）处理措施

若置管患者出现回抽无血或输液阻力增加，须警惕导管断裂的可能，必要时行影像学检查以确认导管位置和连通情况。一旦发生导管断裂，不管有无临床症状，必须谨慎地完全移除输液港，并通过介入等手段取出断裂导管，以防发生进一步的严重并发症。

（刘灏　胡丽娟）

第四章 静脉输液港的护理管理

第一节 静脉输液港植入术的术前评估

肿瘤科医生、外科医生、介入科医生及护士接诊一个特定患者时,医护之间需要讨论输液港植入的适应证问题,应对患者的一般情况进行详细的评估,为患者选择最佳的血管通道。

手术者在植入输液港时常选择的路径是经皮穿刺锁骨下静脉、颈内静脉或上臂静脉,导管进入上腔静脉;或选择股静脉、隐静脉,导管进入下腔静脉。穿刺的目标血管主要依据解剖学标志定位,通过颈内静脉、锁骨下静脉、股静脉等的解剖学位置,依据患者体表标志进行穿刺置管。由于人体个体差异较大,穿刺过程中难免会损伤到局部动脉血管,有时甚至引起严重的并发症。在选择合适的目标血管进行穿刺时,应当考虑以下因素:患者的特异性因素(如预先植入的中心静脉导管、血管解剖异常、出血倾向、某些类型的正压通气)、机械性并发症的相对风险(如出血、气胸、血栓形成),还有感染的风险及港体部位护理的可行性。

与患者及家属进行充分的沟通,内容包括输液港的构造、手术方式及过程、手术风险、术中术后注意事项等,取得患者及家属的理解与配合,签署知情同意书。

一、术前评估

(一)治疗方案

(1)患者的疾病诊断。
(2)患者需要输注药物的类型。
(3)预计治疗的持续时间。
(4)肿瘤患者的疾病预后及转归。

(二)患者因素

1. 患者的病史

了解患者有无高血压、糖尿病、凝血功能障碍、感染、心肺疾病等病史。

2. 患者近 1 个月内的用药情况

应考虑术前停止抗凝剂或抗血小板药物的使用,以降低患者术中和术后的出血。尤其是盲穿颈内静脉和锁骨下静脉穿刺时,可有效降低患者严重的血胸和血肿的发生,以避免严重的并发症。应考虑术前停用抗血管生成药物,这些药物有可能影响伤口愈合。

3. 体格检查

体格检查的内容包括生命体征情况,四肢肌力,精神状况,合作程度,有无漏斗胸、斜肩等畸形，甲状腺肿，穿刺的目标血管和输液港港体植入部位有无炎症、肿胀、瘢痕，皮肤是否完整。

4. 患者既往的中心静脉置管史

进行胸部或腹部增强CT等检查，排除上腔静脉或下腔静脉受压。必要时行靶血管超声检查，确认静脉流速、静脉路径有无异常，以排除血栓。

5. 血液测试

血液测试包括血常规测试和凝血功能测试。还要查看营养状况和止血功能。若止血功能严重异常，应当通过输入血液制品纠正，并治疗现有的感染。白细胞减少症有增加术后感染的风险。

6. 心血管基础疾病

术中拟行腔内心电图定位技术前，评估患者心血管基础疾病。查看患者心电图报告的P波显示情况，排除合并有瓣膜性心脏病、心房纤颤、室上性心动过速、肺源性心脏病或植入心脏起搏器及心脏外科手术等可能导致P波改变的因素。

7. 扩容

部分患者在植入输液港前应考虑充分扩容，这样更容易穿刺及进入目标静脉。

8. 其他情况

患者经济能力和维护输液港的能力也需要考虑。

二、影响输液港植入术后并发症发生的药物

（一）增加术中术后出血的药物

1. 抗凝药物

阿司匹林、波立维、华法林、潘生丁片（双嘧达莫片）、阿哌沙班、利伐沙班（拜瑞妥）、依度沙班、低分子肝素钙注射液等。

2. 溶栓药物

注射用尿激酶、链激酶、阿替普酶等。

3. 活血化瘀药物

注射用血栓通、复方丹参注射液、灯盏花素、血塞通等。

（二）影响切口愈合的药物

抗血管生成药物，如贝伐珠单抗（安维汀）、重组人血管内皮抑制剂（恩度）、沙利度胺、索拉非尼、阿帕替尼、仑伐替尼、卡博替尼、舒尼替尼、安罗替尼等。

（三）增加血栓形成机会的药物

1. 环氧化酶2（COX-2）抑制剂

塞来昔布（西乐葆）、帕瑞昔布、罗非考昔（万络）。

2. 非甾体抗炎药（NSAIDs）

布洛芬、扶他林、消炎宁、氟吡洛芬。

3. 新型口服避孕药

去氧孕烯炔雌醇片（妈富隆）、炔雌醇环丙孕酮片（达英35）、复方孕二烯酮片

(敏定偶)。

三、输液港植入术术前护理评估记录

输液港植入术术前护理评估记录见表 4-1。

表 4-1 输液港植入术术前护理评估记录

姓名：　　　　性别：　　　年龄：　　　住院号：　　　科室：

患者基本情况	□好　□一般　□差（□危重　□全身浮肿或烧伤　□恶病质　□其他）
皮肤情况	□正常，弹性好　□脱水（程度：□轻　□中　□重） □水肿（程度：□轻　□中　□重） □脱水状态　□局部皮肤受损或炎症　□其他
传染病	□无　□有：_____
既往史	□无　□有：_____
过敏史	□无　□有：_____
感染症状	□无　□有　体温：_____℃　□未测 □白细胞计数：_____　□未测　□其他
出血倾向	□无　□有（症状：□皮肤出血点　□黏膜出血　□消化道出血　□伤口渗血　其他：　　） 血小板计数：_____　□未测 出凝血时间：_____　□未测 D-二聚体：_____　□未测
使用药物情况	□一般性输液　□抗生素　□静脉营养　□细胞毒性药物　□输血制品
外周血管情况	充盈度：□好　□差 弹性：□好　□差　□血管细小　□脆性大　□血管条索状　□有静脉窦 　　　□静脉炎　□从没进行穿刺　□有反复静脉穿刺史 　　　□曾有静脉留针或置管史
大血管情况	□上腔静脉压迫（肺癌患者 CT 检查结果判断）　□安装起搏器　□曾经血管穿刺
置管静脉选择	□左　□右 □颈内静脉　□锁骨下静脉　□贵要静脉　□肘正中静脉　□头静脉　□其他
选择置管静脉的情况	□粗　□较粗　□细 □弹性好　□弹性一般　□弹性差 □周围皮肤有瘀斑、瘢痕，或炎症　□周围皮肤无异常 □曾经有穿刺史　□无穿刺史
评估结果	□适合穿刺　□不适合穿刺
评估者：	评估时间：_____年_____月_____日

四、输液港植入术知情同意书

输液港植入术知情同意书见表4-2。

表4-2 输液港植入术知情同意书

姓名：　　　　　性别：　　　　年龄：　　　　住院号：　　　　科室：

临床诊断：

（一）医生告知

患者确诊＿＿＿＿＿＿＿＿＿＿，结合患者病史，需要行化疗达到辅助治疗的目的。

化疗期间植入输液港，建立起临时性中央静脉血管通路，主要适用于各种原因所导致的重要器官功能损害，各种疾病围手术期及肿瘤化疗等病情需要长期静脉用药的患者。输液港植入术为临时性血管通路较为常用的方法之一，行输液港植入术时须行经皮静脉穿刺操作。虽然各项操作均安全可靠，但仍可能发生某些并发症，严重者甚至可能会危及生命，现将可能发生的并发症分述如下。

与穿刺相关的并发症，包括出血、血肿、气胸、血胸、纵隔积气、误穿动肺、上腔静脉穿孔、右心房穿孔、心包积血、肺内出血、肺栓塞和心律失常等。如果置管时间较长，可能出现感染、导管腔堵塞、静脉血栓或狭窄、导管断裂、手术切口感染、切口愈合不良等。

如果发生上述意外情况和并发症，医生将按有关诊治常规积极救治患者，使患者尽快地康复。患方经医生告知，已经了解上述情况，同意行输液港植入术并承担手术风险。

（二）医师声明

我已经告知患者将要接受经颈内静脉穿刺输液港植入术可能发生的并发症和风险，并且解答了患者的相关问题。一旦发生上述风险或其他意外情况，医师将从维护患者利益的角度出发，积极采取抢救治疗措施。但由于医疗技术水平的局限性及个人体质的差异，意外风险不能完全避免，且不能确保治疗完全成功，可能会出现死亡、残疾、组织器官损伤而导致功能障碍等严重不良后果，以及其他不可预见且未能告知的特殊情况，恳请理解。

医师签名：＿＿＿＿＿＿＿　　　　时间：＿＿＿＿年＿＿月＿＿日＿＿时＿＿分

（三）患者及家属意见

我已详细阅读以上告知内容，对医生的解释已清楚理解，经慎重考虑，同意接受经颈内静脉穿刺输液港植入术并同意承担风险。同时，我也授权医师：发生紧急情况时，从保障患者利益出发，医师有权按照医学常规予以紧急处置，更改并选择最适宜的治疗方案来实施必要的抢救。

我＿＿＿＿＿＿＿＿＿（填同意）接受该手术方案并愿意承担手术风险。

患者或被委托人（需委托书）签名：＿＿＿＿＿＿　　　时间：＿＿＿＿年＿＿月＿＿日＿＿时＿＿分

近亲属/监护人签名：＿＿＿＿＿＿　　　与患者关系：＿＿＿＿＿＿　　　时间：＿＿＿＿年＿＿月＿＿日＿＿时＿＿分

第二节　静脉输液港的常规护理

一、静脉输液港的护理流程

（一）评估与准备

1. 护理评估

（1）评估及查看输液港维护手册，了解患者置港日期、上次维护日期、上次维护过程输液港的情况，如输液港回抽是否有回血，推注液体是否通畅等。

（2）评估及检查置港部位周围皮肤情况，如是否出现红肿、破损、炎症、硬结等。

（3）评估及检查置港部位情况，如港座位置是否有移位、翻转等。

（4）评估及了解患者的心理状态与配合程度。

2. 解释

（1）解释输液港维护的目的、方法和必要性。

（2）教会患者在维护过程中如何配合，让患者知晓维护时配合的重要性。

（3）征得患者或家属的知情同意，家属或患者理解操作目的，表示主动积极配合。

3. 准备

（1）操作者准备。着装规范，洗手，戴口罩及帽子。

（2）用物准备。准备无菌手套、棉签、治疗巾、无损伤针、纱布、10 cm×12 cm 无菌透明敷贴、安尔碘Ⅱ型皮肤消毒液、75%的乙醇溶液、生理盐水、肝素盐水、10 mL 注射器、20 mL 注射器等。物品放置规范，便于操作。

（3）患者准备。患者取平卧位，头偏向对侧。

（二）维护操作过程

1. 消毒

（1）操作前准备。洗手，戴手套。

（2）用75%的乙醇溶液清洁皮肤。用75%的乙醇溶液以港体为中心由内向外，以顺时针、逆时针交替螺旋状擦拭皮肤3遍，范围为15 cm×15 cm。

（3）用安尔碘Ⅱ型皮肤消毒液消毒。用安尔碘Ⅱ型皮肤消毒液以港体为中心，加以适当摩擦力进行消毒，消毒范围为15 cm×15 cm。消毒面积必须大于无菌敷贴面积。

2. 留置无损伤针

（1）铺巾。待消毒液干后，铺孔巾，暴露置港部位。

（2）排气。用20 mL 以上的注射器抽吸20 mL 生理盐水，连接输液港专用的无损伤针，排尽针管内空气。

（3）留置。用左手的拇指、示指与中指固定输液港港座，右手的拇指、示指提起并捏紧针翼，右手的中指协助固定两侧针翼底部连接处，右手将排气后的针头从中点处垂直插入储液槽基座底部，有落空感或针头触及硬物感时即提示针头已进入港座内（图4-1）。尽量避免前次穿刺的针眼。抽回血以确定针头的位置（图4-2）。抽回血确认后进行脉冲式冲管。

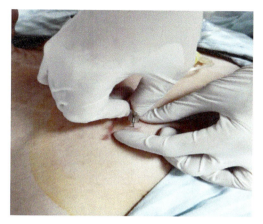

图4-1 留置无损伤针

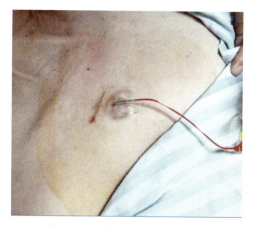

图4-2 抽回血确定针头位置

3．固定

（1）垫纱布。根据患者实际情况选择纱布厚度，在无损伤针下方垫纱布。

（2）粘贴敷料。用无菌透明敷贴无张力地固定针头，用胶布固定无损伤针延迟管外露处，保证针头平稳及局部封闭状态良好。

4．连接注射器或输液管

（1）每次输液前应严格消毒输液接头（如肝素帽或正压接头）。

（2）在无菌操作下连接注射器或输液管。

（3）输液结束后妥善固定针头。

5．冲管及封管

（1）冲管。输液结束后用20 mL以上的注射器抽吸20 mL生理盐水进行脉冲式冲管。

（2）再用20 mL注射器抽吸5～10 mL肝素盐水（常规采用浓度为100 U/mL的肝素盐水）来封管。

（3）封管液应现配现用。

（4）保持静脉通路的封闭性，避免导管尖端菌群聚集。

6．更换敷料

（1）治疗期间每周更换敷料、无损伤针、肝素帽或正压接头1次。

（2）若出现敷料松脱、渗液、渗血，应及时处理，马上更换。

7．拔针

（1）移除透明敷料和纱布。

（2）用左手的拇指、示指与中指固定输液港港座，右手的拇指、示指提起并捏紧针翼，右手的中指协助固定两侧针翼底部连接处，再进行拔针。

（3）拔针后用棉签按压穿刺点3～5 min，再盖上输液贴保护。

（三）记录及交接班

（1）观察置港部位的情况，如有无红肿、热痛等不适。

(2) 做好护理记录及床边交接班。
(3) 记录输液港维护手册。
(4) 写上维护日期及时间、到期更换日期及时间、姓名、置港日期（图4-3和图4-4）。

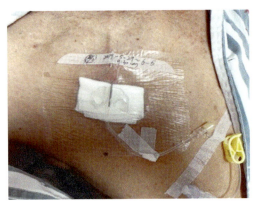

图4-3 维护信息

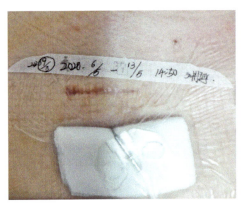

图4-4 维护信息

二、静脉输液港护理的注意事项

（一）严格无菌操作

(1) 维护时确保最大化无菌屏障，遵守无菌操作原则。操作过程中护理人员须着装规范统一，戴口罩、帽子和无菌手套。
(2) 在每一步操作的过程中，必须严格执行标准的维护操作流程。
(3) 植入式输液港的日常维护包括定期消毒、穿刺、更换敷料、固定、冲封管等。

（二）冲封管的注意事项

(1) 为了保证输液港的通畅，每次治疗前后应进行冲管，输液前后用不少于20 mL生理盐水进行脉冲式冲管，再用肝素盐水正压封管，然后夹住延长管。
(2) 输注黏稠性高的液体之前或之后、更换有配伍禁忌的液体时均应冲管，以免产生沉淀。
(3) 连续性输液时建议至少每8 h冲管1次。
(4) 使用脉冲式冲管方法，有节律地推动注射器活塞，推—停—推—停，使生理盐水在港座内部产生湍流及涡流。冲刷干净储液槽及导管壁。
(5) 冲管前注意使无损伤针的斜面背对输液港港座的导管接口，这样冲管液可在港座内形成漩涡，而不是直接进入导管口，从而更有效地冲洗港座内壁的残留药物。
(6) 封管液量是导管和辅助延长管容积的2倍。成人的封管液一般为100 U/mL的肝素盐水，小儿的为10 U/mL 肝素盐水。
(7) 应用正压封管方法以维持管道系统内正压。当注射器内封管液剩余约0.5 mL时，为维持系统内正压，应在推注的同时夹闭导管延长管或拔针。

第四章　静脉输液港的护理管理

（三）维护时的注意事项

（1）维护频率为在治疗间歇期每4周来医院维护1次。

（2）静脉治疗期间，每7天更换1次无损伤针。若敷料有松动或潮湿，则随时更换。更换时由远至近去除敷料，避免将无损伤针带出体外。

（3）穿刺过程中禁止倾斜或摇摆针头，防止穿刺针从穿刺隔中脱出，感觉碰到底部时即可停止进针。

（4）取下透明敷料及纱布时，检查输液港周围皮肤有无肿胀、血肿、脓性分泌物及过敏性炎症反应，必要时可做细菌培养。

（5）拔针后仔细检查针头是否完整，观察生命体征的情况，消毒拔针部位，用创可贴贴于局部穿刺处。

（6）使用专科维护单进行观察与记录，做好交接班，做好详细的输液港日常维护记录。

（四）输液过程中的观察

（1）注射或输液中定时巡视观察，若有异常情况要积极查找原因并马上处理。

（2）使用化疗药物，一定要严格核对床号、姓名及药名。推注化疗药物时，要边推边检查回血，以防药物渗出血管外导致邻近组织的损伤。

（3）注意观察患者的整体情况、穿刺口情况、管道的固定与通畅情况及并发症等。

（五）输液港采血的注意事项

1. 物品准备

无菌手套、棉签、安尔碘Ⅱ皮肤消毒液、生理盐水、肝素盐水、10 mL注射器1个、20 mL注射器3个、血样采集试管。

2. 输液港采血流程

（1）洗手，戴无菌手套。

（2）用安尔碘Ⅱ皮肤消毒液消毒擦拭无损伤针或者肝素帽2次，自然待干。

（3）用10 mL注射器连接无损伤针，抽回血2～3 mL后丢弃（儿童减半）。

（4）更换20 mL注射器连接无损伤针，抽取所需的血液标本量，然后注入至采集试管。

（5）抽取20 mL生理盐水，连接无损伤针，进行脉冲式冲管。

（6）用20 mL注射器抽吸5～10 mL肝素盐水（常规采用浓度为100 U/mL的肝素溶液），连接无损伤针进行正压封管。

3. 输液港采血的注意要点

（1）评估输液港采血的利益和风险：是否增加血管通路装置接口的操作和可能发生管腔内污染，是否影响血管通路装置通畅率，是否造成血管通路装置输送药物的吸收相关的错误实验室值。

（2）尽量避免通过中心血管通路装置获得血液样品进行培养，因为这些样品更容易产生假阳性结果。因此，使用中心血管通路装置获得血液样本时应仅限于不存在外周静脉穿刺点时或当需要对导管相关的血流感染进行诊断时。

（3）不要经常使用输注肠外营养的中心血管通路装置进行血液采集，因为这是引起导管相关血流感染的一个严重风险因素。

（4）务必严格执行无菌操作，避免导致感染。

（5）采血后务必按照护理程序要求进行充分冲洗，确保导管和储液囊内无残留的血液，避免出现堵管现象。

（6）尽量避免血容量的丢失和血栓的形成。

（7）血液标本及时送检。

三、安全型无损伤针的使用

（一）留置安全型无损伤针操作的注意事项

（1）检查安全型无损伤针，如有效期、密封性、型号等。

（2）取针时要注意不要把安全锁带出，取出时先固定安全锁。

（3）穿刺时要分步进针。穿刺时注意三角固定，垂直进针，用力轻柔，不可用力过猛。

（4）固定时要根据个体情况放置纱布块。固定透明敷料时注意使用导管的高举平台法并塑型。

（5）治疗结束时按照常规进行输液港的冲封管。

（二）拔除安全型无损伤针操作的注意事项

（1）严格无菌操作，按照常规进行输液港的冲封管。

（2）采用0°或180°撕除透明敷料及其他胶布。

（3）观察穿刺点周围情况，如是否有红肿热痛、化脓、皮疹等。若有异常，及时对症处理。

（4）拔针时左手示指和中指固定住底座两翼，右手拇指和示指提起并捏紧两侧针翼再进行拔针。听到或感觉到"咔哒"声，移除针头，放入锐器盒。

（5）再次用消毒液消毒穿刺口，在针眼局部覆盖输液贴，按压3～5 min，保持24 h，再去除输液贴（图4-5和图4-6）。

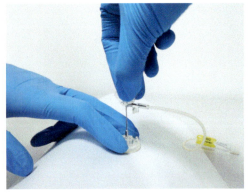

图4-5 拔除安全型无损伤针操作-1

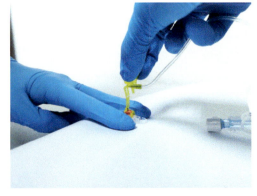

图4-6 拔除安全型无损伤针操作-2

第三节　静脉输液港的患者教育

一、置港前的宣教

(一) 静脉输液港简介
输液港是由 1 根输注导管的一头与港体（皮下药壶）相连接构成。整个系统完全被埋入皮下，把复杂的静脉注射及药物输注变为简单的皮下穿刺，减少多次重复穿刺对血管的刺激，减轻注射疼痛，降低感染的发生率。

(二) 静脉输液港的分类
根据港座放置的部位分为胸壁输液港和手臂输液港。

(三) 置港前患者的准备工作
（1）置港前，操作者或主管医生会详细介绍输液港置港的目的，讲解置港过程、患者如何配合及注意事项，并签署知情同意书。

（2）置港前建议沐浴，清洗干净置港部位的皮肤。

（3）穿柔软棉质、宽松的衣服，取下首饰，女性患者脱除内衣等。

（4）可以正常服用基础疾病的药物，如降糖药、降压药等。但如果服用抗凝药物，需要提前告知医生。

（5）因手术是局部麻醉，置港当天不受饮食限制，可以正常饮食。

（6）置港当天建议家属陪同。

二、置港后的宣教

(一) 如何观察伤口的情况
（1）置港后马上拍摄胸部 X 线片，确定导管末端位置。

（2）医务人员会密切观察患者的情况，如有无胸闷、气促、发热等。

（3）术后第 2 天会给予伤口换药，医务人员会密切观察置港部位是否有出血、渗液等情况，发现问题会马上处理。

（4）若有问题，医务人员会尽快处理。

(二) 置港后该如何沐浴
（1）保持伤口敷料干燥，在未拆线前伤口不可沾水，避免伤口感染。

（2）待伤口痊愈后，患者可以进行沐浴。

（3）保持伤口和港座部位皮肤干爽、清洁，沐浴时避免摩擦港座周围皮肤。

（4）可以轻柔擦拭港座周围皮肤。

(三) 置港后该如何活动
（1）不影响从事一般性日常工作、家务劳动、轻松运动。

（2）手臂输液港置入者，应避免使用置港侧手臂提过重的物品（超过 5 kg 的物品），不能做引体向上、托举哑铃、打球等活动度较大的体育活动。

（3）手臂输液港置入者避免用置管侧肢体环抱小孩。

（4）手臂输液港置入者每天做握力练习，每天 3 次，每次 100 下。

（5）胸壁输液港置入者注意避免头颈部过度活动，不可用力甩头等。

（6）胸壁输液港置入者注意手臂避免过度外展。

（7）注意避免压迫、撞击港座，防止港座扭转。

（8）置港后 3 天内置港部位会有酸胀不适，这属于正常反应。

（四）何时可以拆线

（1）一般术后 7～10 天，若伤口已愈合，即可拆线。

（2）避免用力揉搓拆线后的伤口，以免港座发生异位。

（3）注意观察伤口愈合情况，观察港座部位有无红肿、渗液、皮下水肿、疼痛、皮肤变薄等，若有以上情况应及时回院。

（五）输注液体或留置无损伤针期间的注意事项

（1）注意避免胸部碰撞，建立自我保护意识。

（2）在输液期间，注意不能牵拉输液港延长管，防止针头在港座内移位，损坏港座内隔膜。

（3）输液期间注意针头是否移位或脱出，密切观察输液滴注是否通畅，变换体位时输液滴速是否出现变化等。

（4）保持敷料干燥、平整。如果敷料出现潮湿、松脱、卷边等，马上通知医护人员进行处理。

（5）注意观察伤后敷料是否出现渗液、渗血等情况，若有，马上通知医护人员进行处理。

三、出院后的健康指导

（1）进行 CT 或磁共振检查时不能使用高压注射泵注射造影剂或强行冲洗导管（耐高压静脉输液港除外）。进行钼靶 X 线摄片时，应提前告知检查人员静脉输液港置入部位，以免挤压港座和导管，引起其损伤。

（2）进行输液港维护或输液治疗时，一定要使用输液港专用针头（无损伤蝶形针）。

（3）请妥善保管好《输液港维护手册》。维护时或者住院治疗时请出示维护手册，手册里面登记患者详细的输液港资料，如置港日期、部位、型号、品牌、个人注意事项及医院联系电话号码等。

（4）出院后每 4 周对导管进行冲管、封管维护 1 次，必须由经过专业培训的人员操作。

（5）请务必到具有维护输液港资质的医院进行专业护理。若肩、颈部及同侧上肢出现水肿或疼痛等症状，应及时返院检查。

（6）注意保护和观察港座周围皮肤情况，保持皮肤清洁干燥，避免植入处皮肤受力摩擦。若出现发红、渗液、疼痛、肿胀等症状，则可能出现皮下感染或渗漏，应立即

（7）若出现剧烈咳嗽，可能因为静脉血反流引起导管堵塞或异位，应及时返院就医，查明原因。

（8）肿瘤患者由于化疗会引起白细胞减少，从而使患者免疫力下降，容易发生导管相关性感染，应做好预防。

（9）因为静脉输液港完全植入体内，所以在治疗间歇期可正常沐浴，沐浴时做好保护，不宜用力揉搓港座周围皮肤。

（10）建议每 3～6 个月复查 X 线胸片 1 次。

第四节　静脉输液港的操作实践记录

静脉输液港的操作实践记录见表 4-3 至表 4-6。

表 4-3　静脉输液港植入术术前护理评估记录

姓名：　　　　性别：　　　　年龄：　　　　住院号：　　　　科室：

患者基本情况	□好　□一般　□差（□危重　□全身浮肿或烧伤　□恶病质　□其他）
皮肤情况	□正常，弹性好　□脱水（程度：□轻　□中　□重） □水肿（程度：□轻　□中　□重） □脱水状态　□局部皮肤受损或炎症　□其他
传染病	□无　□有：＿＿＿＿＿＿＿＿＿＿
既往史	□无　□有：＿＿＿＿＿＿＿＿＿＿
过敏史	□无　□有：＿＿＿＿＿＿＿＿＿＿
感染症状	□无　□有　体温：＿＿＿＿＿＿℃　□未测 □白细胞计数：＿＿＿＿＿＿＿　□未测　□其他
出血倾向	□无　□有（症状：□皮肤出血点　□黏膜出血　□消化道出血　□伤口渗血　其他　　　） 血小板计数：＿＿＿＿＿＿＿　□未测 出凝血时间：＿＿＿＿＿＿＿　□未测 D-二聚体：＿＿＿＿＿＿＿　□未测
使用药物情况	□一般性输液　□抗生素　□静脉营养　□细胞毒性药物　□输血制品
外周血管情况	充盈度：□好　□差 弹性：□好　□差　□血管细小　□脆性大　□血管条索状　□有静脉窦 　　　□静脉炎　□从没进行穿刺　□有反复静脉穿刺史 　　　□曾有静脉留针或置管史
大血管情况	□上腔静脉压迫（肺癌患者 CT 检查结果判断）　□安装起搏器　□曾经进行过锁骨穿刺
置管静脉选择	□左　□右 □颈内静脉　□锁骨下静脉　□贵要静脉　□肘正中静脉　□头静脉　□其他

续表 4-3

选择置管静脉的情况	□粗　□较粗　□细 □弹性好　□弹性一般　□弹性差 □周围皮肤有瘀斑、瘢痕或炎症　□周围皮肤无异常 □曾经有穿刺史　□无穿刺史
评估结果	□适合穿刺　□不适合穿刺
评估者：	评估时间：＿＿＿＿年＿＿＿＿月＿＿＿＿日

表 4-4　输液港植入术术中实践操作记录

姓名：　　　　性别：　　　　年龄：　　　　住院号：　　　　科室：

诊断	
手术名称	□胸壁输液港植入术　□手臂输液港植入术　□其他
手术部位	□左　□右 □颈部　□手臂　□胸部　□其他
手术级别	□一级　□二级　□三级　□四级
是否麻醉	□是　□否
麻醉方式	□局部麻醉（□表面麻醉　□局部浸润麻醉　□神经阻滞麻醉） □全身麻醉（□插管全身麻醉　□非插管全身麻醉） □其他
手术体位	□平卧位　□半卧位　□其他
导管资料	品牌：＿＿＿＿＿＿　型号：＿＿＿＿＿＿　导管规格：＿＿＿＿＿＿Fr 种类：□单腔　□双腔
导管放置部位	□左　□右 □颈内静脉　□锁骨下静脉　□贵要静脉　□肘正中静脉　□头静脉　□其他
导管放置部位的情况	□粗　□较粗　□细 □弹性好　□弹性一般　□弹性差 □周围皮肤无异常 □周围皮肤有瘀斑、瘢痕或炎症 □曾经有穿刺史　□无穿刺史
港座放置部位	□左　□右 □手臂　□胸部　□其他
港座位置皮肤情况	□周围皮肤有瘀斑、瘢痕或炎症 □周围皮肤无异常 □曾经有手术瘢痕 □无手术瘢痕
导管放置长度	置入长度：＿＿＿＿＿cm
回血情况	□回血好　□无回血
穿刺结果	□成功　□不成功

续表 4-4

置管过程	☐顺利　　☐不顺利
术中出血	出血量：约＿＿＿＿＿＿mL
术后是否留置输液港针头	☐是　　☐否
手术医生	术者：＿＿＿＿＿＿　　　　　　　　一助：＿＿＿＿＿＿
麻醉医生	
导管置入日期	＿＿＿＿年＿＿＿＿月＿＿＿＿日

表 4-5　输液港植入术术后护理记录

姓名：　　　　性别：　　　年龄：　　　住院号：　　　科室：

诊断	
手术名称	☐胸壁输液港植入术　　☐手臂输液港植入术　　☐其他
导管置入日期	＿＿＿＿年＿＿＿＿月＿＿＿＿日
术后冰敷	☐无 ☐有：☐冰敷时间：＿＿＿＿＿min
X光片	☐无 ☐有
导管末端位置	位置：☐上腔静脉（☐T8　☐T7　☐T6　☐T5） ☐其他＿＿＿＿＿
回血情况	☐回血好　　☐无回血

表 4-6　术后护理观察

项目	第1天 _月_日	第2天 _月_日	第3天 _月_日	第4天 _月_日	第5天 _月_日	第6天 _月_日	第7天 _月_日
导管放置部位伤口愈合情况（A. 良好；B. 渗血；C. 红肿；D. 裂开；E. 感染）							
导管放置部位疼痛情况（A. 轻度疼痛；B. 中度疼痛；C. 重度疼痛）							
港座放置部位伤口愈合情况（A. 良好；B. 渗血；C. 红肿；D. 裂开；E. 感染）							

续表 4-6

项目	第1天 __月__日	第2天 __月__日	第3天 __月__日	第4天 __月__日	第5天 __月__日	第6天 __月__日	第7天 __月__日
港座放置部位伤口疼痛情况（A. 轻度疼痛；B. 中度疼痛；C. 重度疼痛）							
止痛药物使用情况（A. 无；B. 有，止痛药物名称）							
其他							
评估者签名							

第五节　静脉输液港质量控制管理

一、输液港质量控制管理的目的

建立护理管理长效机制，将静脉输液港质量控制管理纳入医院护理质量检查内容，促进输液港质量控制管理的持续改进。

二、实行三级质量控制

（1）实行自下而上的三级质控管理。
（2）一级质控。病区护士长负责每周检查1次。
（3）二级质控。科护士长每2周检查1次。
（4）三级质控。护理部专职质控人员每个月督查1次。
（5）每季度护理部就存在的问题进行汇总分析，提出整改措施。

三、观察指标

（一）输液港静脉炎发生率

输液港静脉炎发生率（以百分比的形式表示）登记见表4-7和表4-8。

（二）输液港导管阻塞发生率

（1）输液不畅是指经导管输入液体不通畅。
（2）完全堵管是指血管内置导管部分由于机械性因素或药物沉积，致使液体或药液输注受阻（表4-9和表4-10）。

（三）导管相关性血流感染发生率

（1）局部感染。置港部位出现红肿、硬结，有脓性分泌物。
（2）全身感染。输液时发生高热、寒战，血液培养结果呈阳性（表4-11和表4-12）。

第四章 静脉输液港的护理管理

表 4-7 专科护理质量指标（输液港静脉炎发生率）

指标名称	定义	判断依据	选择对象	计算公式	评价要点	检查方法	检查时机	质控人员	质控频率
输液港静脉炎发生率	静脉输液治疗中常见的并发症之一，主要是各种原因导致血管壁内受损继发的炎症反应，表现为静脉局部疼痛红肿、水肿或局部条索状改变，甚至出现硬结的炎性改变。过程中发生的静脉炎，包括机械性静脉炎、化学性静脉炎、细菌性静脉炎、血栓性静脉炎	《输液治疗护理技术操作规范》（WS/T433—2013），《输液治疗实践标准》（美国静脉输液护理学会，2016年）	所有使用中心静脉置管血管内置导管的患者	静脉炎发生率＝中心静脉置管中静脉炎人数／患者中心静脉插管总人数×100%	(1) 手臂输液港置管前首选贵要静脉，次选肘正中静脉、肱静脉，尽量在B超下引导选择粗细合适型号导管。 (2) 根据血管粗细选择合适型号导管。 (3) 置管人员严格执行无菌操作，保证最大无菌屏障，消毒范围应符合标准，之后再进行置管。 (4) 宣教患者置管侧肢体避免活动过频剧烈运动。 (5) 定期进行导管维护。 (6) 维护时妥善固定导管，防止导管移位扭曲。 (7) 患者知晓维护的相关知识。 (8) 评估导管穿刺点周围是否有红肿热痛等。 (9) 手臂输液港每次维护前测量臂围。 (10) 检查导管走行方向是否有不适	现场查看、提问考核	置管操作、导管维护	组长、负责护士、静脉联络员	每周至少2次

表 4-8 专科护理质量指标质控登记（输液港静脉炎发生率）

一级指标	二级指标	三级指标	月 日		月 日		月 日		月 日		月 日		合计	
			Y	N	Y	N	Y	N	Y	N	Y	N	Y	N
输液港静脉炎发生率	静脉炎发生率防控措施的依从性	在手臂输液港置管前首选贵要静脉，次选肘正中静脉、肱静脉												
		根据血管精细选择合适型号的导管												
		置管人员严格执行无菌操作，保证最大无菌屏障，消毒范围应符合标准												
		宣教患者置管侧肢体避免活动过频和剧烈运动												
		尽量在 B 超下置管												
		定期进行维护，患者知晓维护的相关知识												
		评估穿刺点或港座周围是否有红、肿、热、痛等												
		每次维护前测量臂围，检查导管行走方向是否有不适												
		妥善固定导管，防止导管移位												
		对导管留置的必要性进行评估，不需要时尽早拔除导管												

第四章 静脉输液港的护理管理

表4-9 专科护理质量指标（输液港静脉炎发生率）

指标名称	定义	判断依据	选择对象	计算公式	评价要点	检查方法	检查时机	质控人员	质控频率
输液港堵塞的发生率	在静脉注射药物过程中，输液停止，输液速度减慢或阻力大或不能推注，推注给药时阻力大或不能推注，无法抽回血等。临床上分血凝性堵塞和非血凝性堵塞	《输液治疗实践标准》（美国静脉输液护理学会，2016年）、《静脉治疗护理技术操作规范》（WS/T433—2013）	所有留置输液港的患者	输液港堵管的发生率＝同期输液港堵管发生例数/统计周期内留置输液港患者总人数×100%	（1）置管前评估患者治疗用药，凝血功能。 （2）置管后通过X线检查确定导管前端在上腔静脉（T5-T7）。 （3）定期进行维护。 （4）维护时采用静脉冲式冲管，正压封管。 （5）宣教患者如何做好居家护理。若出现胸腔内压力增加（如咳嗽、便秘、打呃），及时观察导管是否回血，发现回血时到医院处理	现场查看，提问，考核	置管操作导管维护	组长，负责护士，静脉联络员	每周至少2次

表4-10 专科护理质量指标质控登记(输液港堵塞的发生率)

一级指标	二级指标	三级指标	月 日		月 日		月 日		月 日		月 日		月 日		合计	
			Y	N	Y	N	Y	N	Y	N	Y	N	Y	N	Y	N
输液港堵塞的发生率	输液港堵塞的发生率防控措施的依从性	置管前评估患者治疗用药、效果和凝血功能														
		置管后行X线检查以确定导管前端在上腔静脉(T5—T7)														
		定期进行维护														
		维护时采用脉冲式冲管、正压封管														
		宣教患者如何做好居家护理,若患者出现咳嗽、便秘、打嗝,及时观察导管是否回血,发现回血时及时到医院处理														
		每次用药前都要做好冲管,检查导管是否通畅														
		使用大分子药物(如脂肪乳、输血制品)后要用20 mL注射器抽吸20 mL生理盐水脉冲式冲管。必要时多次重复冲管														
		妥善固定导管,防止导管移位														
		对导管留置的必要性进行评估,不需要时尽早拔除导管														

第四章 静脉输液港的护理管理

表4-11 专科护理质量指标（导管相关性血流感染发生率）

指标名称	定义	判断依据	选择对象	计算公式	评价要点	检查方法	检查时机	质控人员	质控频率
导管相关性血流感染发生率	带有血管内导管，或拔除血管内导管48 h内的患者出现菌血症或真菌血症，并伴有发热（高于38 ℃）、寒战或低血压等感染表现，除血管导管外没有其他明确的感染源。实验室微生物学检查结果显示：外周静脉血培养细菌或真菌结果呈阳性；从导管段和外周血培养出相同种类、相同药敏结果的致病菌	《医院感染监测规范》（WS/T312—2009）、《导管相关感染预防与控制技术指南（试行）》（卫办医政发〔2010〕187号）、《静脉治疗护理技术操作规范》（WS/T433—2013）	所有使用血管内置管的患者	导管相关性血流感染发生率＝中心静脉插管中血液感染人数／患者中心静脉插管总日数×1 000‰	（1）插管、导管维护（如接头、敷料更换等）严格执行无菌技术，手卫生。 （2）置管或更换导管时，置管部位应当铺大无菌单（巾）；置管人员应当戴帽子、口罩、无菌手套、穿无菌手术衣。 （3）定期、规范更换置管穿刺点覆盖的敷料。 （4）消毒范围应符合标准。 （5）保持导管连接端口（特别是肝素帽、无针接头）的清洁，注射药物前，应当用75%的乙醇溶液消毒或含碘消毒剂规范消毒，待干后方可注射药物。 （6）附加的肝素帽、无针接头应至少每周更换1次，若有血迹等脏污，应当立即更换。 （7）在输血、输入血制品、脂肪乳剂后24 h内应当停止输液或及时更换输液管路。 （8）每天对导管留置的必要性进行评估，不需要时应尽早拔除导管	现场查看、提问、考核	交接班、护理查房	护士长、组长、静脉联络员、护士	每周至少2次

表4-12 专科护理质量指标质控登记（导管相关性血流感染）

一级指标	二级指标	三级指标	月 日		月 日		月 日		月 日		月 日		合计	
			Y	N	Y	N	Y	N	Y	N	Y	N	Y	N
导管相关性血流感染发生率	导管相关性血流感染防控措施的依从性	插管、导管维护（如拔头、敷料更换等）严格执行无菌技术、手卫生												
		置管或更换导管时，置管部位应铺大无菌单（巾）；置管人员应当戴帽子、口罩、无菌手套、穿无菌手术衣												
		定期、规范更换置管穿刺点覆盖的敷料												
		消毒范围应符合标准												
		保持导管连接端口（特别是肝素帽、无针接头）的清洁。注射药物前，应当用75%的乙醇溶液或含碘消毒剂规范消毒，待干后方可注射药物												
		附加肝素帽、无针接头应至少每7天更换1次。若有血迹等脏污，应当立即更换												
		在输血、输入血液制品或脂肪乳剂后的24 h内，以及停止输液后，应当及时更换输液管路												
		每天对导管留置的必要性进行评估，不需要时尽早拔除导管												

（黄敏清　陈春华　王影）

第五章 锁骨下静脉输液港植入术

第一节 锁骨下静脉解剖

一、锁骨下静脉的从属关系

锁骨下静脉起于锁骨中点内下方及第一肋外侧缘上方，是腋静脉向近心端的延续，至胸锁关节后方与颈内静脉汇合形成头臂静脉，再与对侧一起于胸骨柄中点后方汇入上腔静脉。成人锁骨下静脉长3～4 cm，直径1～2 cm，始末两端都有瓣膜。其属支主要有颈外静脉，偶尔也有肩胛上静脉和/或颈横静脉注入。

二、锁骨下静脉的毗邻关系

锁骨下静脉的前面大部分被锁骨和锁骨下肌覆盖；其后上方与锁骨下动脉及臂丛毗邻，两者之间以前斜角肌相隔；膈神经自其后方内侧近颈内静脉交会处通过；其内下方与第一肋骨头上面内缘的浅沟（压迹）接触；锁骨下静脉与颈内静脉交会处内后方，右侧有右淋巴导管、左侧有胸导管（图5-1）经过。锁骨下静脉在体内与周围结构紧密相连，其管壁与颈部筋膜、前斜角肌腱、第一肋骨膜及锁骨下肌的筋膜鞘等相附着，位置较固定。做胸廓伸展动作（如深吸气和臂上举）时，可使锁骨下静脉管腔扩大。由于锁骨下静脉的管径大、变异小、位置相对恒定，故锁骨下静脉为临床上输液港穿刺置管的常用途径。此外，为避免损伤胸导管，首选在右侧穿刺。

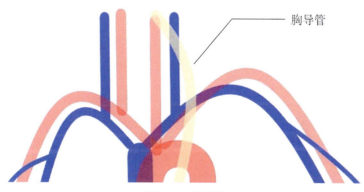

图5-1 胸导管

第二节 锁骨下静脉输液港植入术的临床适应证和禁忌证

一、适应证

1. 长期或重复的静脉治疗

（1）长期或重复的静脉化疗药物及其他刺激性液体的输注。

（2）长期或重复的静脉肠外营养（total parenteral nutrition，TPN）及其他高渗性液体的输注。

（3）长期或重复的静脉血制品输注。

（4）长期或重复的其他普通静脉治疗等。

2. 长期或重复的静脉采血需要

化疗患者常用，适用于导管末端开口型的输液港。

3. CT 高压造影等特殊静脉应用需求

需要耐高压等型号的输液港。

二、禁忌证

（1）局部皮肤有破损或感染者。

（2）任何确诊或疑似全身感染、菌血症或败血症等患者。

（3）凝血功能障碍、血小板低无法耐受手术者。

（4）有上腔静脉压迫综合征者（图 5-2）。

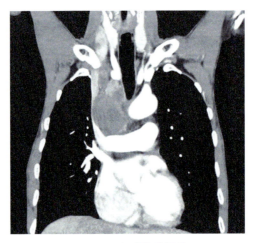

图 5-2 上腔静脉压迫

（5）病情危重不能耐受手术者。

（6）精神状态或年龄因素，不能配合手术者。

（7）确诊或疑似对输液港材料过敏者。

(8) 预穿刺血管有血栓形成迹象者。
(9) 预穿刺部位曾经或将要接受手术或放射治疗者。
(10) 患者有特殊要求，需要使用穿刺侧上肢行大幅度活动。考虑患者职业需要或强烈要求，可选用其他静脉穿刺入路。

第三节　锁骨下静脉输液港植入术流程

锁骨下静脉输液港植入术流程的步骤相对固定，国内临床应用中主要使用盲穿法。

一、术前准备

(1) 查看患者血常规。肝肾功能、凝血功能检查结果，观察传染病相关的指标是否正常。
(2) 查看患者心电图情况和胸部正侧位 X 线片，判断有无异常。
(3) 术区备皮。
(4) 准备一类切口层流手术间。
(5) 手术过程备心电监护及吸氧。
(6) 手术间应备有抢救相关器械及药物。
(7) 术前留置外周静脉通路 1 条。
(8) 输液港及导管等空腔套件在手术开始前均需予生理盐水冲管以排除空气。

二、穿刺体位摆放

(1) 一般采取平卧位。若条件允许，可取头低足高位（15°～25°），使静脉充盈，提高穿刺成功率。
(2) 也可取扩胸沉肩位。在两肩胛骨之间垫一薄枕（图 5-3），厚度根据患者体型而定，目的是使胸廓扩展，双肩下沉，锁骨前中段上抬，使锁骨下静脉向锁骨靠近，与肺尖分开。

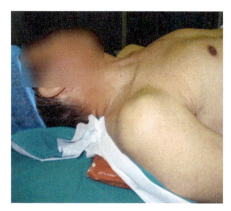

图 5-3　扩胸沉肩位

(3)头向穿刺对侧旋转30°,偏向穿刺侧10°~15°。一是减少手术铺巾对患者呼吸的影响;二是减小锁骨下静脉与颈内静脉的夹角,降低导管移行颈内静脉的概率。

三、静脉穿刺

1. 穿刺方法

临床常用B超引导穿刺法、介入引导穿刺法及盲穿法。B超引导穿刺法是静脉穿刺法中较安全可靠的方法,可以避免大部分穿刺相关的并发症;介入引导穿刺法是定位导管末端是否到位的较准确的方法。前两种方法对医院软硬件有一定要求,在国内尚未大范围地开展。在本章节主要介绍国内临床上常用的盲穿法。

2. 穿刺点

以锁骨中点偏外1~2 cm、往下1~2 cm为穿刺点(图5-4)。选择此穿刺点的主要目的是使穿刺针尽可能在锁骨下静脉进入锁骨与第一肋骨夹角前穿刺进入锁骨下静脉,避免后期使用过程中夹闭综合征的发生。

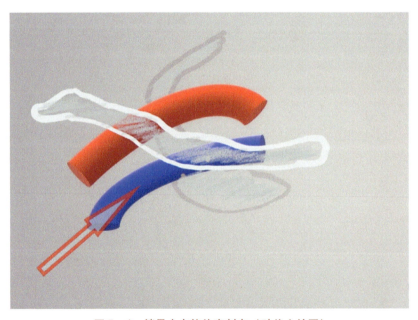

图5-4 锁骨中点偏外穿刺点(叶俊文绘图)

3. 穿刺步骤

(1)局部浸润麻醉效果满意后于穿刺点进针(采用无针芯穿刺针,一般接10 mL注射器,内充3~5 mL生理盐水),注意将针尖斜面朝向患者腿侧。

(2)穿刺针与矢状面呈30°~45°(针尖朝向范围在同侧胸锁关节与环状软骨之间),与冠状面呈10°~15°。

(3)穿刺针突破皮肤及皮下组织后在锁骨底部的水平面和第一肋之间潜行,边进针边回抽(应用改良型塞尔丁格技术)。同时,左手示指第二关节背侧顶住锁骨、示指及拇指指腹捏住穿刺针行保护性动作,穿刺回抽见血后马上停止进针(图5-5)。

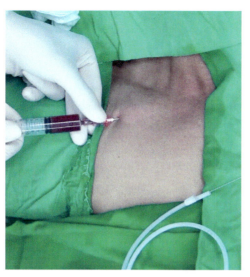

图5-5 穿刺回抽见血停止进针

(4)若符合以下步骤,可证实回抽血为静脉血:①针管无搏动性回推力,拔出针管后血无搏动性喷出;②血颜色暗红,回抽血短时间内未见明显血凝块。有条件的单位可回抽血后行血气分析以明确。

四、置入导丝

左手示指及拇指固定穿刺针,右手取下注射器的同时以左手拇指指腹堵塞穿刺针尾端开口以避免空气回流入血,准备好导丝后再经穿刺针尾端开口置入导丝(图5-6)。注意进导丝的同时询问患者感受。若患者自诉同侧耳根部有不适,则提示导丝进入颈内静脉;若患者突感心悸,心电监护显示心动过速甚至期前收缩,提示导丝进入上腔静脉心房入口处。导丝留置体内长度一般约为20 cm。

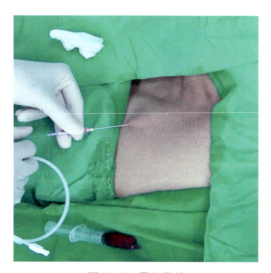

图5-6 置入导丝

五、置入扩张鞘

（1）留置导丝到位后，用小弯钳沿导丝皮肤入口处扩张皮肤及皮下组织。

（2）沿导丝置入输液港导管专用扩张鞘，进入2/3后退出内芯及导丝的同时将扩张鞘外鞘继续推送至底部（图5-7）。

（3）内芯及导丝完全退出外鞘后用左手拇指指腹堵塞扩张鞘外鞘尾端开口。

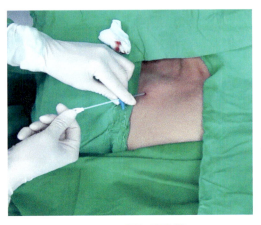

图5-7　置入扩张鞘

六、置入导管

（1）左手拇指松开，导管经留置好的扩张鞘外鞘尾端开口迅速置入（注意动作同步协调）。

（2）导管置入25～30 cm可再次诱发期前收缩。确定导管位于上腔静脉内。

（3）退出扩张鞘外鞘。

（4）回退导管至约20 cm时，回抽血顺利并冲管（图5-8）。

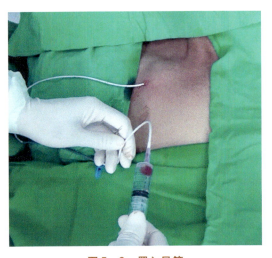

图5-8　置入导管

七、建立皮下囊袋

以穿刺点为中点,在其下方 2~3 cm 行横行切口(给予 1% 利多卡因注射液进行局部浸润麻醉),长 3~4 cm,分离皮下组织至深筋膜表面,向尾侧端游离出半径约为 3 cm 的圆形皮下囊袋区(图 5-9)。

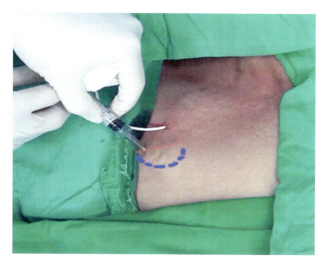

图 5-9　建立皮下囊袋

八、建立皮下隧道

自皮下囊袋切口中点插入引导钢索,于皮下浅筋膜层向头侧端潜行至穿刺点中出,连接导管尾端后将导管从皮下引导至囊袋切口(图 5-10),留置导管长度为穿刺点处的导管刻度,成年人的为 13~15 cm(相关计算方法见第五章第四节)。

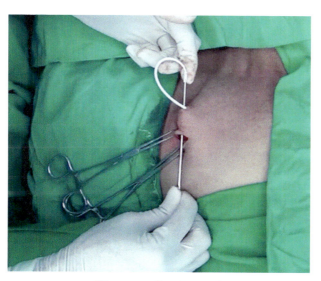

图 5-10　建立皮下隧道

九、连接导管与港座

将输液港座上的导管接口与导管对齐,沿导管接口推送导管至超过接口上的突起部分约 2 mm(注意此时一定不能将导管一直推进到底)处,沿直线平行推送导管锁至导管接口底部,卡好锁扣,使之牢固(图 5-11),导管与输液港底座连接处的刻度为 15~18 cm。

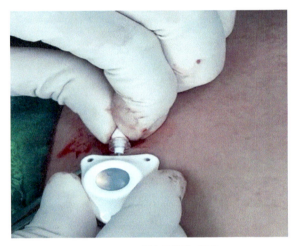

图 5-11 连接导管与港座

十、植入输液港

(1)用皮钳钳夹暴露出的皮下囊袋区,将连接好导管的输液港植入皮下囊袋区内(图 5-12)。

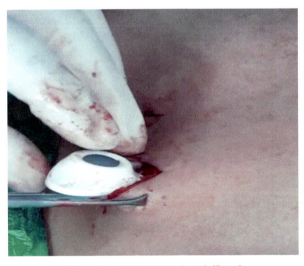

图 5-12 输液港植入皮下囊袋区内

（2）注意操作过程中避免暴力推送。输液港体必须要完全进入囊袋区，不能暴露在切口下方。

（3）将蝶形针于皮外穿刺进囊袋区，使之与输液港底座相连。试抽回血后予肝素封管液（150 mL 生理盐水和 12 500 U 肝素）脉冲式冲管并正压封管（图 5-13）。

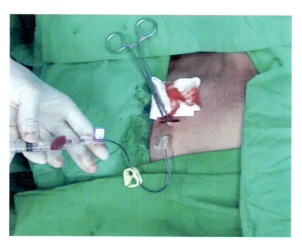

图 5-13　脉冲式冲管并正压封管

十一、缝合切口

清点器械及敷料无误，检查无活动性出血后缝合切口及穿刺点（可用 4-0 可吸收线行皮内缝合），消毒后覆盖纱布，外贴 1 张透明薄膜以便观察术后切口情况（图 5-14）。

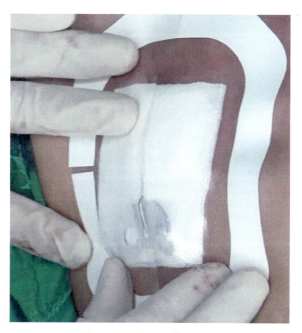

图 5-14　用透明敷料固定

十二、术后验证性 X 线检查

术后必须行胸部 X 线检查，了解导管尖端的位置是否到位（图 5-15）。

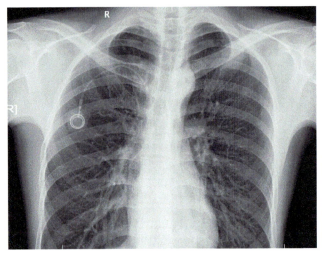

图 5-15　术后验证性 X 线检查

第四节　锁骨下静脉输液港植入术的常见并发症

一、穿刺相关并发症

1. 误穿动脉

锁骨下静脉后上方毗邻锁骨下动脉，若穿刺时进针角度不当，且进针过深，则有可能误穿锁骨下动脉（图 5-16）。因锁骨下动脉前方有锁骨及肋骨遮盖，一旦误穿将难以自体外压迫止血，往往会形成大范围血肿。因此，穿刺时必须相当谨慎。建议经验不足者选择 B 超引导下穿刺，避免误穿动脉。

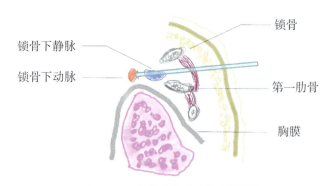

图 5-16　误穿动脉（叶俊文绘图）

2. 气胸、血气胸

锁骨下静脉后下方毗邻胸膜及肺尖,穿刺过程中发生气胸及血气胸的概率较其他入路的高(图 5-17),具体处理见本书第三章第一节。

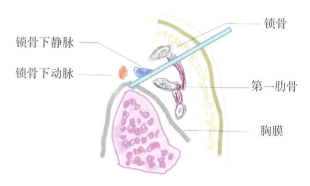

图 5-17 误穿胸膜气胸、血气胸(叶俊文绘图)

二、导管异位

上腔静脉中下 1/3 处与右心房的接合处(X 线片显示约在 T6 水平),上腔静脉直径为 2～3 cm,血流速率为 2 000～2 500 mL/min,此处的血栓发生率是静脉系统里面最低的,因此,对于长期留置的输液港导管,导管尖端达到的此处是最佳位置(图 5-18)。锁骨下静脉穿刺中导管尖端若要达到此位置,一般可使用藤井真法计算穿刺点导管留置的刻度,即:身高(单位:m)×0.07－5＋A(A 为穿刺点至胸骨切迹距离)。对于国内成年人,一般于穿刺点留置 13～15 cm。当然,介入引导下穿刺是最准确定位导管尖端位置的方法。

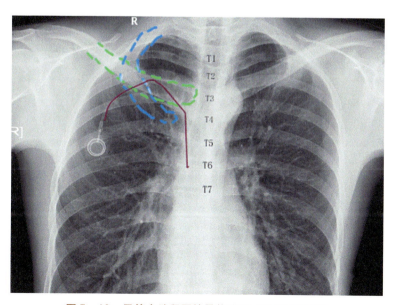

图 5-18 导管尖端留置的最佳位置(叶俊文绘图)

导管异位常发生于锁骨下静脉入路。首先最多见的为异位至同侧颈内静脉（图 5-19）。其次为导管位置过浅或过深，或异位至对侧锁骨下静脉罕见。一旦发生导管异位，最有效的办法是介入引导下用介入专用器械调整导管尖端位置（图 5-20）并重新裁剪导管末端与港体连接处的长度。

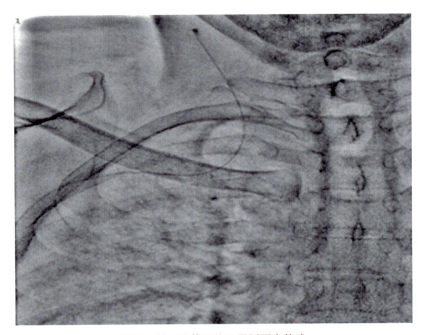

图 5-19 导管异位至同侧颈内静脉

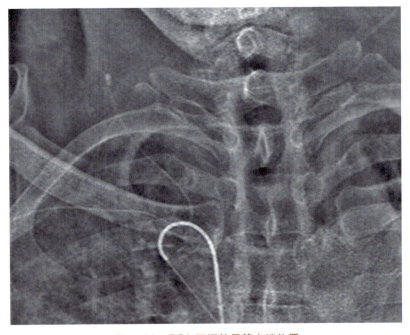

图 5-20 DSA 下调整导管尖端位置

三、夹闭综合征

1. 定义

导管夹闭综合征（pinch-off syndrome）只发生于锁骨下静脉入路，定义为经锁骨下静脉穿刺置管时，导管进入第一肋骨和锁骨之间的狭小间隙，受第一肋骨和锁骨挤压而产生狭窄或夹闭而影响输液，严重时可导致导管破损或断裂（图 5-21）。

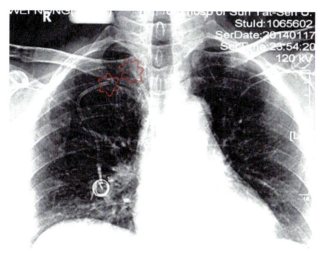

图 5-21　夹闭综合征

2. 预防

预防夹闭综合征发生的重点是，使导管在锁骨下静脉进入锁骨下肌筋膜和第一肋骨骨膜夹角（远心端）之前，穿刺进入锁骨下静脉。导管走行于静脉内，得到静脉壁的保护，从而避免此夹角对导管的损伤（图 5-22）；反之，若导管裸露在此夹角当中，夹闭综合征发生概率将大大升高（图 5-23）。因此，预防夹闭综合征发生的主要原则是避免在锁骨中点内侧穿刺。具体方法见第五章第三节。

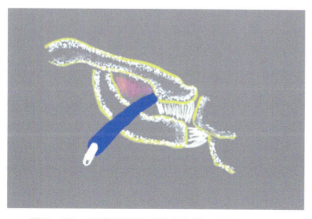

图 5-22　导管受锁骨下静脉保护（叶俊文绘图）

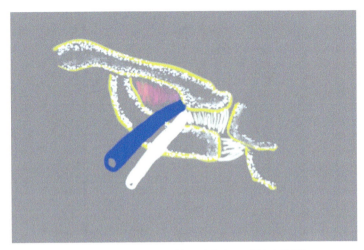

图5-23 导管裸露于锁-肋夹角（叶俊文绘图）

3. 治疗

（1）输液不畅时可尝试改变输液体位，抬高上臂或扩肩沉胸，使夹角尽量张开，减少对导管的压迫。

（2）一旦发现输液不畅，需定期做胸部X线检查，监测导管是否完整无断裂。必要时可经导管造影，以排除导管破裂。

（3）对于经上述措施处理后输液不畅无改善及有可疑导管破裂者，应尽快把输液港套件取出体外。

（4）导管已断裂者，尽快取出输液港，并在密切监护下介入取出断裂的导管残端（图5-24）。

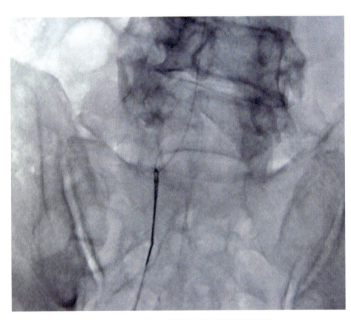

图5-24 介入造影下取出断裂导管

第五节　锁骨下静脉输液港植入术的操作技巧

锁骨下静脉输液港植入术的操作技巧如下。

（1）若条件允许，可取头低足高位（15°～25°）并于穿刺侧肩下垫一薄枕，使静脉充盈、胸肋角增大，提高穿刺成功率。

（2）穿刺点以锁骨中点偏外 1～2 cm、往下 1～2 cm 为穿刺点，主要目的是使穿刺针尽可能在锁骨下静脉进入锁骨与第一肋骨夹角前穿刺进入锁骨下静脉，避免后期使用过程中夹闭综合征的发生。

（3）穿刺过程中边进针边回抽（应用改良型塞尔丁格技术），同时，以左手示指第二关节背侧顶住锁骨、示指及拇指指腹捏住穿刺针行保护性动作。

（4）放置导丝的同时询问患者感受，若患者诉同侧耳根部不适感，提示导丝进入颈内静脉；若患者突感心悸，心电监护仪显示心动过速甚至期前收缩，提示导丝进入上腔静脉心房入口处，此时回退约 2 cm，此为导丝尖端正确位置。

（5）置入扩张鞘时注意不要使用暴力，进入 2/3 后退出内芯及导丝的同时将外鞘继续推送至底部。

（6）导管置入 25～30 cm 可再次诱发期前收缩，确定导管位于上腔静脉内，回退至刻度约 20 cm 以备用。

（7）成年人的穿刺点处留置导管长度为 13～15 cm。导管与输液港港座连接处刻度为 15～18 cm。

（8）皮下囊袋的制作大小要适中，既要使整个输液港座确切进入囊袋区，不能暴露在切口下方，又要使港座于囊袋内相对固定，使之不会翻转。

（9）术毕，予蝶形针穿刺底座进行固定，脉冲式冲管并正压封管。

（10）有条件者，可于切口辅料外贴 1 张透明薄膜，以便观察术后切口渗液等情况。

（11）术后必须行胸部 X 线检查，了解导管位置是否到位，以便及时调整。

（12）有条件的单位在 B 超引导下穿刺锁骨下静脉，这为最安全、有效的方法。

第六节　锁骨下静脉输液港植入术的护理要点

一、术前护理

（1）手术前由医生进行知情告知，签署知情同意书，开具手术医嘱。

（2）告知患者手术的目的及必要性，消除紧张、焦虑情绪，取得配合，做好心理护理。

（3）嘱患者术前 1 天清洗前胸，手术当天换好干净的患者衣服，排空大小便，脱下身上贵重物品或首饰，将活动性假牙交给家属或护士保管，等候手术。

二、术中护理

（1）患者取仰卧位，给予心电监护，暴露及消毒手术部位。

（2）嘱患者术中保持安静，避免说话、咳嗽及躯体活动。

（3）观察患者呼吸情况，了解有无心悸、胸闷等不适。

三、术后护理

（1）术后进行生命体征监测，观察有无感染、发热、寒战等症状。

（2）术后第2天进行伤口换药，向患者发放输液港使用手册，使患者深入了解输液港置入情况、输液港类型（导管是否耐高压，是单腔还是双腔）等，告知术后注意事项。

（3）术后第2天进行伤口换药，观察伤口有无红、肿、热、痛、渗液等情况，指导术侧肢体适当进行活动，如松、握拳等，避免术侧肢体剧烈活动及牵拉，以免引起伤口局部出血。

（4）告知患者尽可能避免在拆线前洗澡（若为可吸收线缝合伤口，则建议术后7～8天方可进行淋浴），避免淋湿敷料，影响伤口愈合。

（叶俊文　黎燕红）

第六章 经颈内静脉输液港植入术

第一节 颈内静脉血管解剖

颈内静脉为乙状窦的延续，位于颈动脉鞘内颈内动脉的后方，自颅底颈静脉孔，沿颈内及颈总动脉的前外侧下行，至胸锁关节后方与锁骨下静脉汇合形成头臂静脉，表面被胸锁乳突肌覆盖，在颈内静脉与颈内-颈总动脉的后方有迷走神经下降。其上段位于胸锁乳突肌的内侧，颈内动脉的后方；其中段位于胸锁乳突肌前缘的深层，颈总动脉的后外侧；其下段位于胸锁乳突肌胸骨头与锁骨头之间的三角形区域内，颈总动脉的前外侧（图6-1）。

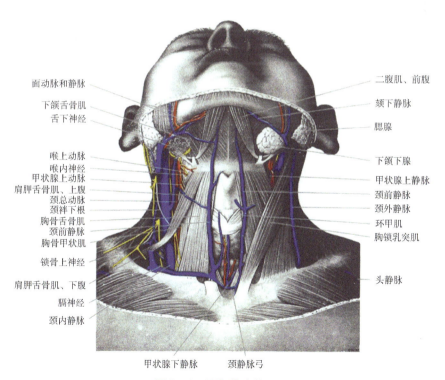

图6-1 颈部静脉前面观

经颈内静脉路径是静脉输液港植入的主要途径之一。右侧颈内静脉管径较粗，且与头臂静脉、上腔静脉走向几乎成一直线。因此，经颈内静脉输液港植入的穿刺常选在右侧颈内静脉进行。穿刺部位可选在胸锁乳突肌前缘中点，亦可在胸锁乳突肌后缘中、下1/3交界处，或在胸锁乳突肌两头之间的三角形区域内进行。

第二节　颈内静脉输液港植入术的禁忌证

颈内静脉输液港植入术的禁忌证如下。

（1）全身或手术部位局部感染未控制者。若有全身感染（如菌血症或败血症），细菌可能侵入血液并在血液中繁殖。若行静脉穿刺置管，血液中的细菌可能会定植于导管，使感染无法得到有效控制，最终不得不拔除导管。颈内静脉输液港植入术操作部位包括颈侧区及锁骨上下区。若手术部位受到感染，在疖、痈等皮肤化脓性感染未得到控制前进行手术，手术切口可能会受到污染，出现术后伤口感染。输液港植入属于异物植入，若出现术后感染，感染将难以控制，甚至细菌可能随导管入血，产生全身感染，需要拔除输液港导管。

（2）严重凝血功能障碍者。若给有凝血障碍的患者施行输液港植入术，穿刺部位可能形成血肿，尤其是多次穿刺不到颈内静脉或误穿到动脉；也可能出现手术区域皮下瘀斑、伤口渗血不止等。因此，对于严重凝血功能障碍者，应暂缓输液港植入，纠正凝血功能后再行手术。

（3）颈内静脉、上腔静脉通路不畅或损伤者。若颈内静脉、上腔静脉通路血栓形成或压迫等导致静脉通路不畅，输液港导管无法顺利到达上腔静脉，可能导致导管植入失败。或者导管虽能植入，但经导管滴注的液体无法顺利地通过上腔静脉系统回流心脏，从而分布到全身起治疗作用，反而会增加堵塞的上腔静脉系统压力，加重病情。

（4）严重肺阻塞性疾病者。严重肺阻塞性疾病患者的肺储备功能较差。穿刺失误造成的气胸患者往往不能很好地耐受。

（5）体质、体型不适宜置入式输液港者。例如，严重营养不良患者的局部软组织会影响设备的稳定性和放置位置，若真皮层过薄，输液港流体上方的皮肤容易因反复摩擦而破溃。

（6）预穿刺部位可能需要进行放疗者。输液港植入术临床应用得较广泛的是恶性肿瘤化疗的患者，而部分恶性肿瘤患者需要行颈部或锁骨上、下区放疗，如鼻咽癌、乳腺癌患者等。此类患者行颈内静脉输液港植入术为相对禁忌，应尽量避开预放疗区域。例如，对鼻咽癌患者行锁骨下输液港植入术，对乳腺癌患者行健侧颈内静脉输液港植入术。

（7）颈部曾进行放射治疗、颈内静脉或上腔静脉经受过血管外科手术者。

（8）过度兴奋、躁动、拒绝接受者。

（9）病情严重，不能耐受、配合手术者。

（10）已知对输液港材料过敏者。

第三节　颈内静脉输液港植入术流程

一、术前准备

1. 选择合适的病例
（1）按照手术适应证筛选需要使用颈内静脉输液港植入术的患者。

（2）一些术中、术后风险和并发症风险较高的患者须谨慎选择颈内静脉输液港植入术，如各种原因导致呼吸困难而难以平卧的患者、伴有剧烈及频繁咳嗽的患者、极度营养不良和有恶病质的患者、神志不清或频繁躁动的患者等。

2. 完善术前检查
术前检查包括血液常规、血型、凝血功能、传染病指标、心电图等检查。合并有高血压病、糖尿病者需要将血压、血糖控制在正常水平内。

3. 术前谈话及签署手术同意书
参考本书第四章第一节第四部分"输液港植入术知情同意书"。

4. 测量预估导管的置入长度
一般取颈内静脉穿刺点至第三胸肋颈内动脉的距离来预估长度。

二、操作流程

（一）患者准备

更换合适的患者服饰，佩戴一次性帽子包裹头发，暴露手术区域，取仰头平卧位，必要时头低脚高，头偏向对侧（图6-2）。

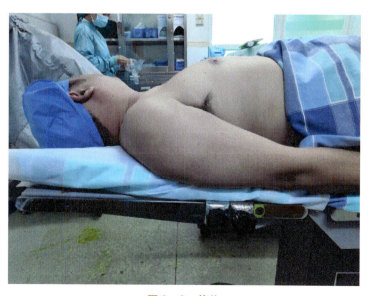

图6-2　体位

（二）术野皮肤划线并标记

1. 标记

可划出术侧锁骨、胸锁乳突肌三角、锁骨上三角（图 6-3）。若有条件，可在 B 超引导下标记颈内静脉的位置并在体表划出标记线。

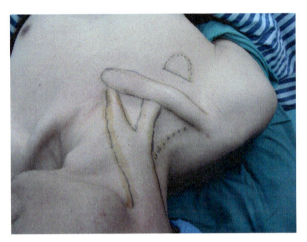

图 6-3　体表标记

2. 选取合适的输液港底座位置

注意事项（图 6-4）如下。

（1）底座切口距离锁骨下缘不少于 2 cm。
（2）底座外侧缘距离同侧肩关节不少于两横指。
（3）对于女性患者，底座下极尽量不超过乳腺上缘。

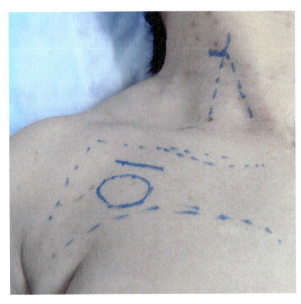

图 6-4　输液港底座的选择

(三) 手术器械及物品准备

(1) 穿戴无菌手套后,打开手术包,检查器械是否完备。

(2) 在巡回护士的协助下准备无菌生理盐水和利多卡因注射液。

(3) 打开输液港操作包,检查包内材料,逐一用生理盐水冲洗导管、导管鞘、输液管底座以排查是否存在损坏(图6-5和图6-6)。

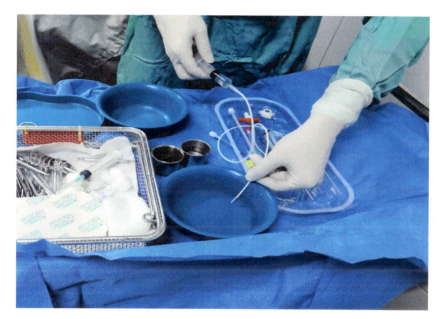

图6-5 冲洗管道

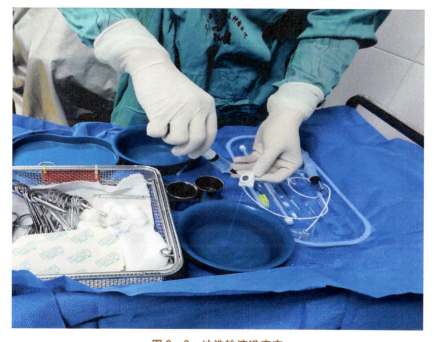

图6-6 冲洗输液港底座

(四) 常规消毒、铺巾

进行常规消毒、铺巾（图6-7）。

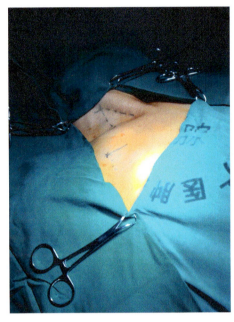

图6-7 铺无菌手术巾

(五) 麻醉、穿刺、置入导丝

(1) 用10 mL注射器于穿刺点行皮下麻醉并探查血管走向、深度（图6-8）。

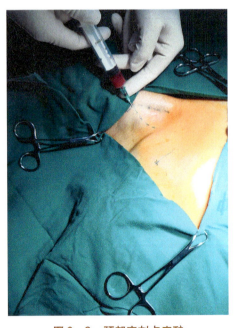

图6-8 颈部穿刺点麻醉

（2）用静脉穿刺针穿刺颈内静脉至有回血（图6-9）。

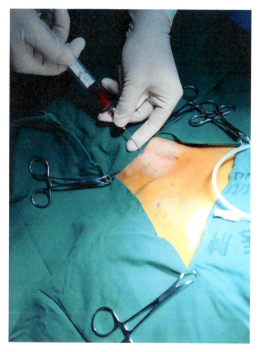

图6-9　静脉穿刺针穿刺

（3）从穿刺针后端置入导丝，注意防止空气进入静脉（图6-10）。

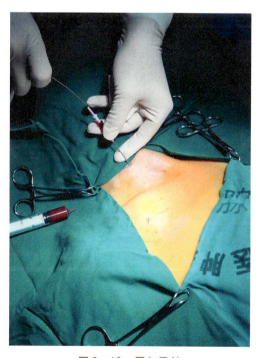

图6-10　置入导丝

(六) 颈部切口

沿穿刺点外侧旁开一小切口,长约1 cm。为了导管植入后在隧道里能保持合理的弧度,须充分切开真皮层(图6-11)。

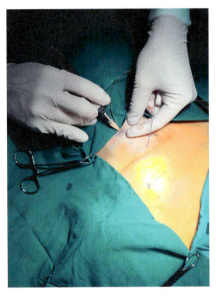

图6-11 颈部切口

(七) 放置导管鞘,植入导管

(1) 沿导丝插入导管鞘至足够深度,最好能越过锁骨下静脉与上腔静脉交汇水平(图6-12)。

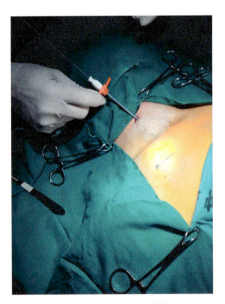

图6-12 插入导管鞘

（2）拔出导丝及管鞘内芯（图6-13），置入导管至足够深度（图6-14），回抽有血后退出导管鞘（图6-15）。

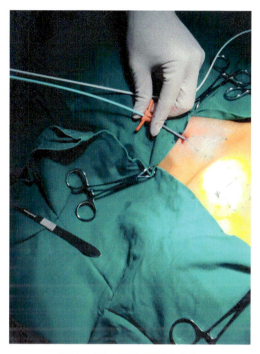

图6-13　拔出导管鞘内芯

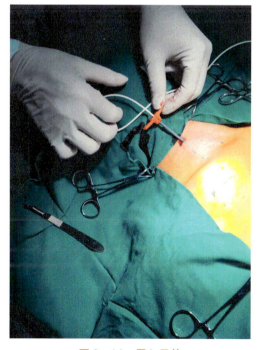

图6-14　置入导管

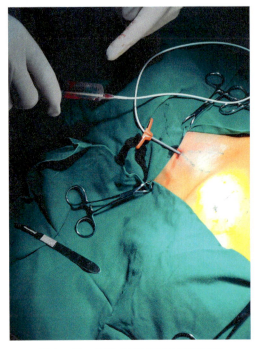

图6-15 回抽血液以确认导管通畅

(八)皮下隧道麻醉

沿预定导管走向行皮下麻醉及皮下囊袋麻醉(图6-16和图6-17)。

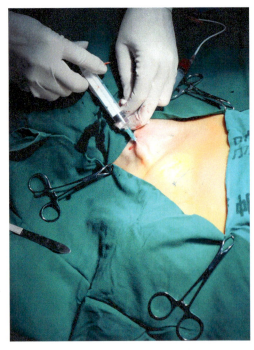

图6-16 隧道部位麻醉

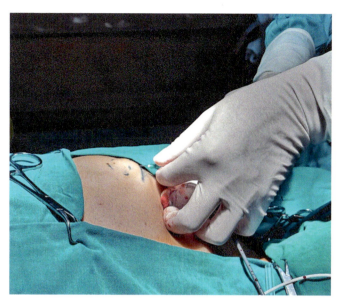

图 6-17 囊袋部位麻醉

(九) 制作皮下囊袋

(1) 在预定位置行囊袋上方切口，长度约与输液港港座宽度相当或稍长（图 6-18）。

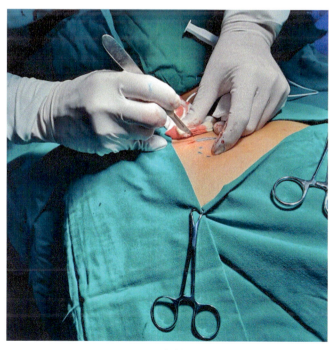

图 6-18 囊袋部位切口

(2) 用弯止血钳在真皮层与皮下组织间分离出囊袋（图 6-19），用手指探查囊袋大小合适后（图 6-20）。若有出血，可填塞纱布块以加压止血（图 6-21），或直接按压止血。预计完成后切口瘢痕不能在港座上或太靠近港座。

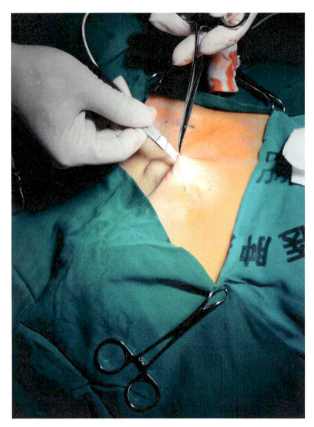

图6-19 分离皮下囊袋

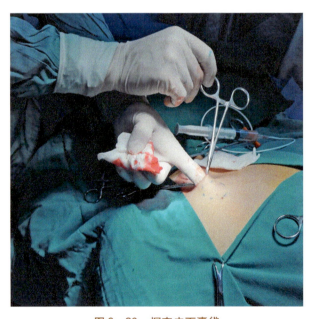

图6-20 探查皮下囊袋

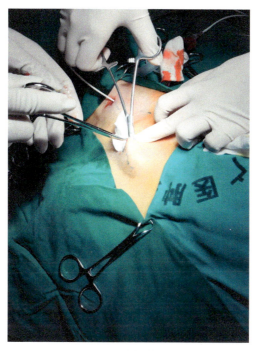

图 6-21　在囊袋填塞纱布块

(十) 皮下隧道针连接导管

(1) 取颈部切口外侧 1 cm 与囊袋上方切口中点连线，制作皮下隧道 (图 6-22)。

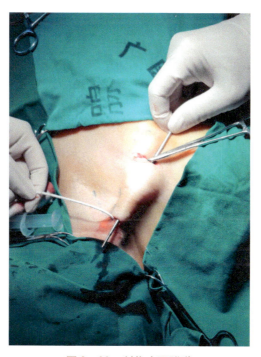

图 6-22　制作皮下隧道

（2）隧道针由下向上从颈部切口外侧端穿出，套入导管（图6-23）后将导管拉进隧道从囊袋切口引出（图6-24）。

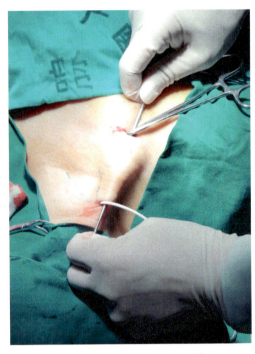

图6-23　用隧道针连接导管

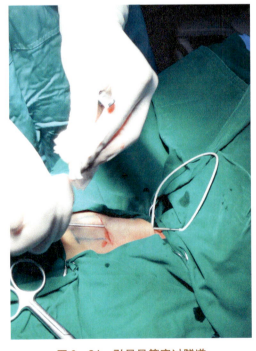

图6-24　引导导管穿过隧道

（3）按预估导管深度和导管表面刻度固定导管，让导管在隧道内形成合理的弧度（图6-25）。

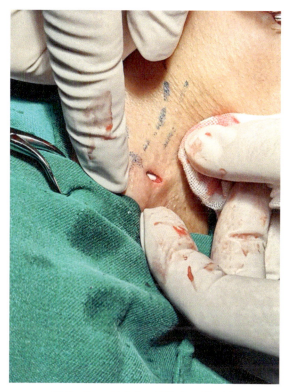

图6-25　形成合理的颈部导管弧度

（十一）连接导管与输液港港座

（1）套入导管锁扣（图6-26），在距离锁扣一横指处剪断导管（图6-27）。

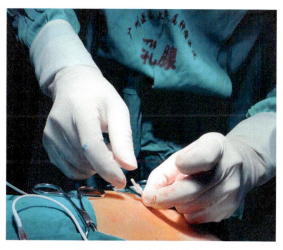

图6-26　套入导管锁扣

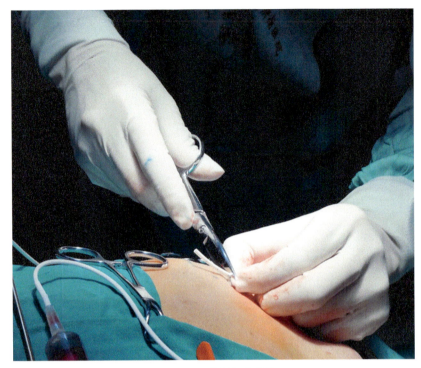

图6-27　剪断多余导管

（2）导管套入底座金属出口且超过金属出口最粗的结节段（图6-28），推动锁扣（图6-29）至底座以锁紧导管（图6-30），防止导管脱落。

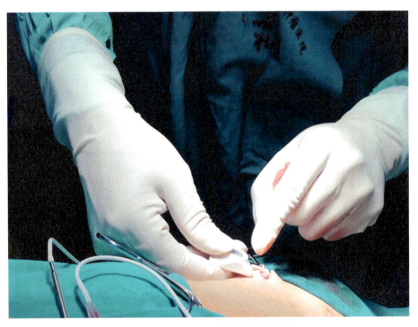

图6-28　连接导管与输液港港座

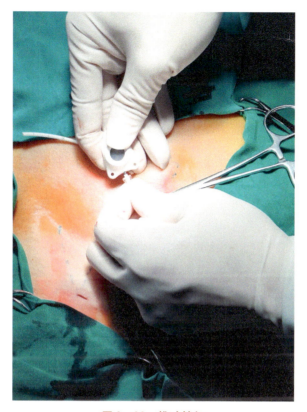

图6-29 推动锁扣

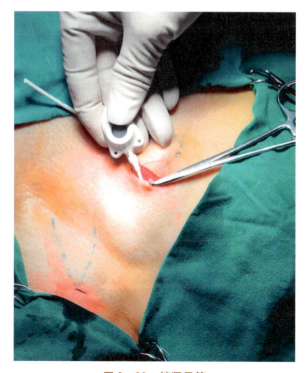

图6-30 锁紧导管

（十二）抽回血并将输液港港座放入囊袋

用带弯针头注射器插入输液港港座，回抽有血后脉冲式冲管（图6-31），拔针后在输液港底座置入囊袋（图6-32）并检查导管是否有迂曲、成角。

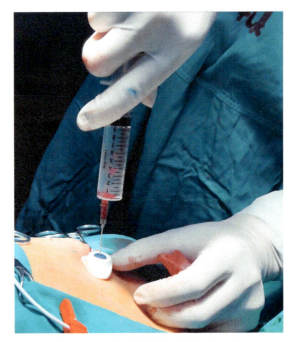

图6-31　在输液港港座回抽血确认

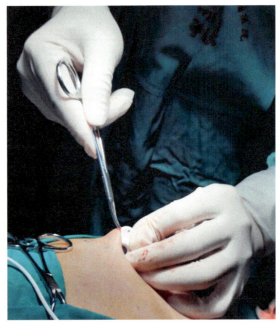

图6-32　在输液港港座置入囊袋

（十三）缝合

缝合手术切口，插蝶翼针并固定（图6-33和图6-34）。

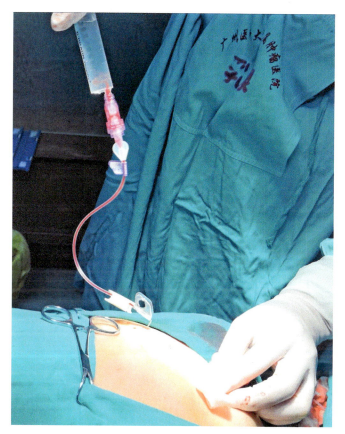

图6-33 回抽血确认

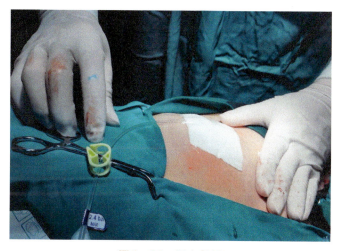

图6-34 固定敷料

(十四) 拍摄胸正位片

拍摄胸正位片,以明确导管位置(图6-35)。

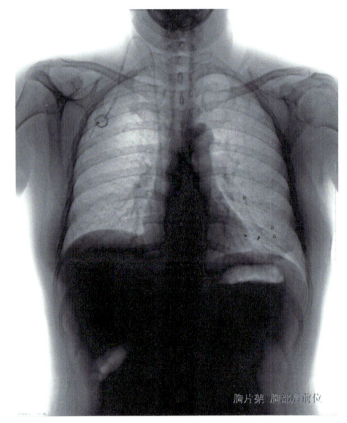

图6-35 拍摄胸正位片

第四节 颈内静脉输液港植入术的操作技巧

颈内静脉输液港植入术的操作技巧如下。

(1) 尽量取仰头平卧位,必要时头低脚高,头偏向对侧。

(2) 划出术侧锁骨、胸锁乳突肌三角、锁骨上三角,如有条件,可在B超引导下标记出颈内静脉的位置并在体表划出标记线。

(3) 避免误穿颈内动脉。必要时可借助超声引导,提高穿刺成功率,降低并发症的发生率。

(4) 选取输液港底座位置时应特别注意以下三点:①底座切口距离锁骨下缘不少于2 cm;②底座外侧缘距离同侧肩关节不少于两横指;③对于女性患者,底座下极尽量不超过乳腺上缘。

(5) 打开输液港操作包后注意检查其完好性。

（6）从穿刺针后端置入导丝，应注意防止空气进入静脉。

（7）在制作颈部切口时需充分切开真皮层，便于之后导管在隧道里能有合理的弧度。

（8）放置导管鞘时沿导丝插入导管鞘至足够深度，最好能越过锁骨下静脉与上腔静脉交会水平。

（9）皮下囊袋的制作大小要适中，长度约与输液港底座宽度相当或稍大。

（10）连接导管时应注意在距离锁扣一横指处离断导管。

（11）为了防止脱落，导管套入底座金属出口且超过金属出口最粗的结节段后推动锁扣至底座至紧锁导管。

（12）输液港底座放入囊袋后谨记检查导管有否迂曲、成角。

（13）预计完成后切口不能在底座上或太靠近底座。

第五节　颈内静脉输液港植入术的护理要点

一、术前护理

（1）向患者及家属解释输液港置入的目的、优点、缺点、费用等。

（2）讲解术中注意事项及配合技巧：穿刺过程中放松双肩，避免转头、咳嗽、说话等，置港侧上肢制动。

（3）注意心理护理，鼓励患者与正使用静脉输液港的患者相互沟通，缓解紧张、焦虑情绪。

二、术中护理

（1）患者取平卧体位，肩部垫高，头后仰使定位划线的颈部充分伸展，面部略转向对侧。

（2）告知患者穿刺过程中放松双肩，避免转头、咳嗽、说话等，置港侧上肢制动。置港过程中如有不适，可以通过语言告知，切勿乱动，以防污染手术区域。

（3）密切关注患者情况：有无胸闷气促、肢体麻木和疼痛等不适。

三、术后护理

（1）输液港置入术后，嘱患者或家属按压港座植入处及颈部穿刺处约30 min，预防血肿形成。

（2）测量生命体征，观察港座植入处及颈部穿刺处有无渗血、渗液及血肿，询问患者有无胸闷气促、肢体麻木和疼痛等不适，叮嘱患者若有异常情况应及时与医务人员联系。

（3）术后行X线胸片检查，在医生确认导管位置正常，护士通管通畅的情况下，方可经输液港静脉输液。若出现导管异位、扭结、折叠、螺旋、环绕和卷曲等，应联系置管医生及时处理。

（4）告知术后3天内局部可能出现疼痛、瘀斑，且颈部活动时会伴有牵拉感。以上症状一般可自行缓解。如果症状严重，可以适当使用止痛、水胶体敷料等进行皮肤促愈护理。

（5）嘱患者在24 h内，置港侧上肢减少活动。输液港未拆除前应注意不要挤压、撞击港座，避免汽车安全带、文胸肩带、背包带、紧身衣等摩擦颈部导管。保持港座植入部位及颈部穿刺部位皮肤的干燥、清洁。拔除无损伤针24 h后，针口完全愈合后可以轻柔清洁局部皮肤、清除污垢。

（6）若手术当日囊袋切口及颈部穿刺处有渗血或敷料松动，应立即更换敷料。建议术后第2天予更换敷料，并观察切口有无渗血、渗液、血肿及皮下瘀斑等现象。若有异常情况，应及时与主管医生沟通。一般用可吸收线缝合的伤口无须拆线。切口完全愈合时，才可以沾水。

（李洪胜　何伟星　姜明　徐敏）

第七章 上臂静脉输液港植入术

第一节 上臂静脉解剖

上臂式输液港置管时选择的血管是贵要静脉、头静脉、肘正中静脉、肱静脉（图7-1）。选择肘上中心静脉置管时，由于血管走行较深，在体表触摸血管时无法触及，且肱静脉与动脉及神经伴行而易于导致穿刺损伤，因此通常需要在超声引导下通过改良型塞尔丁格穿刺技术置入中心静脉导管。

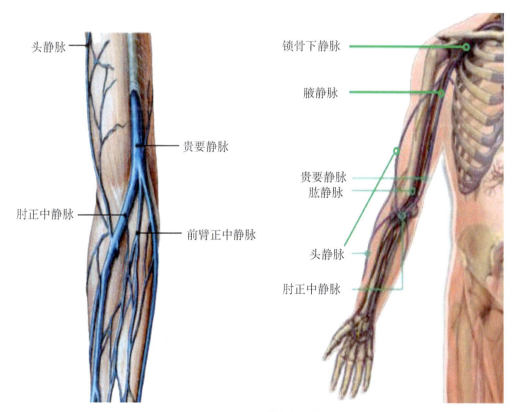

图7-1 上臂静脉血管

置管首选贵要静脉，贵要静脉是上肢浅静脉之一。贵要静脉起于手背静脉网尺侧，逐渐转至前臂前面沿尺侧上行，经肘窝时因肘正中静脉并入而变粗大，继而沿肱二头肌内侧沟上行，至臂中点稍下方，穿深筋膜注入肱静脉，或伴肱静脉上行直达腋腔并入腋静脉。贵要静脉具有管径粗（平均直径为0.8 cm）、位置固定（与深静脉有固定的交通支)、血管通畅、表浅的特点，与深层之间有肱二头肌腱膜相隔，穿刺时不易伤及深层结构。

肱静脉为上肢深静脉，深、浅静脉之间通过深筋膜分隔。肱静脉在臂前区，与肱动脉伴行，有2条肱静脉伴行于肱动脉两侧，一般贵要静脉在臂中点汇入内侧肱静脉，桡静脉和尺静脉汇入外侧肱静脉。沿肱动脉上行至大圆肌下缘处与肱静脉汇合成腋静脉。由于肱静脉与正中神经、肱动脉非常靠近，在穿刺静脉时要注意避免损伤神经和误入动脉。

头静脉是上肢浅静脉，起自手背静脉网的桡侧，至桡腕关节上方，转至前臂的屈面；然后，沿前臂的桡侧缘上行，途中有前臂屈伸两面的许多浅静脉并入；到肘窝后，通过正中静脉与贵要静脉吻合；再沿肱二头肌的外侧上行，在三角肌与胸大肌之间以直角方式穿过胸锁筋膜，并入锁骨下静脉或腋静脉。由于血管先粗后细（平均直径为0.6 cm）且扭曲，导致送管困难且易反折异位而进入腋静脉或颈静脉，因此，临床上一般不作为优选血管。

肘正中静脉是前臂浅静脉之一。静脉短而粗，变化甚多，一般在肘窝处连接贵要静脉和头静脉。该静脉个体之间的解剖差异较大。可汇入头静脉或贵要静脉。

第二节　上臂输液港植入术适应证及禁忌证

一、适应证

（1）不能留置胸壁输液港的患者。①颈部及胸壁皮肤有损伤或曾经接受放射治疗的患者；②颈内静脉和锁骨下静脉穿刺困难的患者；③气管切开的患者；④有胸部起搏器的患者；⑤胸腔积液、呼吸困难等导致强迫半卧位的患者；⑥胸部拟行放疗的患者。

（2）需要长期或重复静脉输注药物的患者。

（3）需要长期间歇性静脉输注化疗药物的患者。

（4）需要静脉给予有腐蚀性药物或静脉高营养输注的患者。

（5）需要长期间歇式输液治疗的患者。

二、禁忌证

（1）患者手臂尺寸与植入器材的尺寸不符。

（2）预穿刺部位有放射治疗史。

（3）植入部位手臂侧有静脉（如腋静脉、锁骨下静脉、上腔静脉）血栓、血管外科手术史或部分外科手术史。

（4）插管手臂有水肿或淋巴回流障碍。

（5）有上腔静脉阻塞综合征或上腔静脉受压。

（6）合并严重基础疾患，不能耐受或配合手术。

（7）存在严重的不可纠正的凝血功能障碍。

(8) 确定或怀疑对输液港的材料有过敏的患者。
(9) 任何确诊或疑似患有败血症或菌血症的患者。

第三节　上臂输液港植入术流程

一、术前评估

1. 评估置管禁忌证
参考本书第一章第二节的临床禁忌证。

2. 评估患者基本情况
参考本书第一章第三节的术前评估。

3. 评估置港部位
(1) 在扎止血带和不扎止血带的情况下，评估左侧和右侧全上臂血管，选择最佳静脉和最佳穿刺点（图 7-2）。

(2) 借助 B 超检查预穿刺血管及附近血管、神经情况，避免血管等因素导致导管推进困难、导管异位及神经损伤等。

(3) 查看腋静脉和颈内静脉，为术中查看导管异位做准备（图 7-3）。

(4) 查看局部穿刺点和囊袋位置的皮肤有无感染及皮疹。

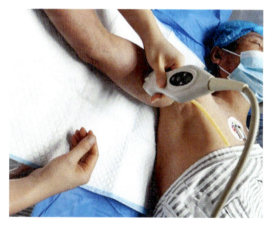

图 7-2　评估左侧和右侧全上臂血管

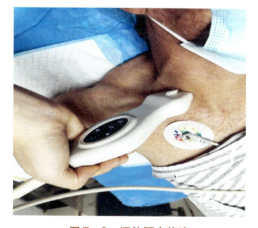

图 7-3　评估颈内静脉

二、术前准备

1. 患者准备
(1) 向患者及家属讲解置港的目的、方法、所需时间、需要配合的动作及可能发生的并发症。

(2) 患者签署输液港植入术知情同意书。

(3) 术前沐浴。不能沐浴者，可用皂液清洗两侧整个手臂，必要时需要剔除腋毛。

(4) 患者排空大小便，更换袖口宽松的病员服。

2. 环境准备

(1) 手术操作室环境清洁、明亮、宽敞、通风系统良好，具备空气过滤装置，置港前 30 min 进行紫外线空气消毒。

(2) 移除室内不必要的电子设备，减少电磁干扰因素。

3. 物品准备

(1) 消毒敷料包。内有防渗垫巾 1 块、无菌手术衣 2 件、无菌无粉手套 2 副、保证最大化无菌屏障的治疗巾 2 块、洞巾 1 块、直剪 1 把、无菌镊 2 把、无菌棉球 8 个、无菌纱布 10 块、止血带 1 根、尺子 1 根。

(2) 前壁型输液港套件。内有穿刺针、导管及支撑导丝、插管鞘及扩平器刺座、港体、引导棒、导管锁、无芯针、注射器。

(3) 塞尔丁格穿刺套件。内有 B 超耦合剂、超声无菌探头套、导针器、穿刺针、导丝、穿刺鞘、刀片。

(4) 穿刺引导及心电定位物品。包括血管超声仪、心电监护仪、心电适配转换器、定制的无菌单包装的鳄鱼夹心电导联线 1 根、心电电极片 3 个。

(5) 消毒液。2% 葡萄糖酸氯己定溶液、75% 乙醇溶液。

(6) 药物。包括 0.9% 氯化钠溶液 100 mL、12 500 U 肝素注射液 2 mL、2% 利多卡因 10 mL。

(7) 手术器械包。内有皮肤缝合线 1 根、弯止血钳 1 把、有齿镊 1 把、无齿镊 1 把、持针器 1 把、手术剪 1 把、拉钩 1 把。

(8) 其他物品。包括 10 mL 注器 1 个、20 mL 注射器 1 个、肝素帽 2 个、12 号无菌针头 1 个、无菌开口纱布 2 块、记号笔、导管维护手册、手消毒剂、利器盒、垃圾收纳袋。

4. 术者准备

流动水下以七步法洗手、戴口罩、戴手术帽。

三、术中操作

1. 核对医嘱及用物

双人核对确认患者身份，核对置港医嘱，查看置港知情同意书，检查置港相关用物。

2. 摆放体位

协助患者戴口罩、帽子。根据患者病情协助安置舒适平卧位，将头转向非手术侧。将术侧手臂外展 90°，平放于手术台上，并嘱手臂放松。

3. 选择静脉

优先考虑非惯用手臂，穿刺血管首选贵要静脉，其次为肱静脉，尽量避免头静脉。

4. 评估血管

用血管超声仪评估患者血管，做好血管位置标记。

5. 摆放仪器

心电监护仪和血管超声仪摆放在操作者对面，方便在可视屏幕下操作。

6. 进行体表外测量

拟穿刺上臂尽量外展 90°，测量从预穿刺点至右胸锁关节再向下反折至第三肋间隙的长度（图 7-4）。

7. 测量臂围

测量自术侧肘窝上 10 cm 处，绕手臂 1 周的长度（图 7-5）。

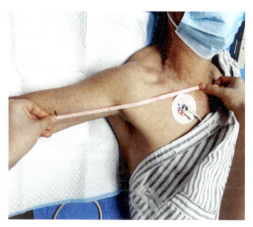

图 7-4　测量预置管长度

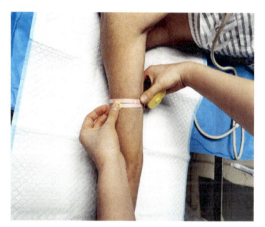

图 7-5　测量臂围

8. 记录体表心电图

用 75% 酒精纱布清洁胸前心电监护仪电极安放部位的皮肤，待干后取 3 个电极片分别贴于胸骨右缘锁骨中线第一肋间、胸骨左缘锁骨中线第一肋间、左锁骨中线肋弓下缘体表皮肤，且电极只可以放置在干净完整的皮肤上。将心电监护仪调至 II 导联，记录体表心电图，观察 P 波的振幅，确保患者心电图具有 P 波。

9. 消毒皮肤

（1）操作者洗手后检查消毒敷料包和无菌物品的有效期，检查有无潮湿、破损、漏气等情况。

（2）打开消毒敷料包，戴无菌无粉手套，取出消毒物品。助手在无菌棉球上倒消毒液。

（3）助手抬起患者手臂，在手臂下垫防渗巾。

（4）消毒方法为：先使用 75% 酒精棉球清洁消毒皮肤，要求以穿刺点为中心，螺旋形消毒，由内往外消毒 4 遍。再用 2% 葡萄糖酸氯己定棉球摩擦消毒，由内往外消毒 4 遍。要求不留空白，至少用力摩擦消毒 30 s，消毒范围为穿刺点直径不小于 20 cm，包括肩部、腋下及上臂、前臂。皮肤待干。

10. 穿戴手术衣

手消毒后穿无菌手术衣，戴无菌无粉手套。

11. 建立无菌区域

臂下铺垫无菌治疗巾后摆放无菌止血带，铺孔巾以暴露穿刺点，铺无菌大单覆盖患者全身,建立最大化无菌屏障(图7-6)。助手按无菌原则投递穿刺器械包、输液港套件、巴德改良塞尔丁格穿刺套件、无菌鳄鱼夹心电导联线、注射器、纱布、肝素帽、无菌针头等物品于无菌区内,用 20 mL 注射器抽取肝素注射液 1.6 mL 注射至 0.9% 的 100 mL 氯化钠溶液中。充分稀释后抽取 100 U/mL 肝素稀释液 20 mL,用 10 mL 注射器抽取 2% 利多卡因注射液 10 mL。

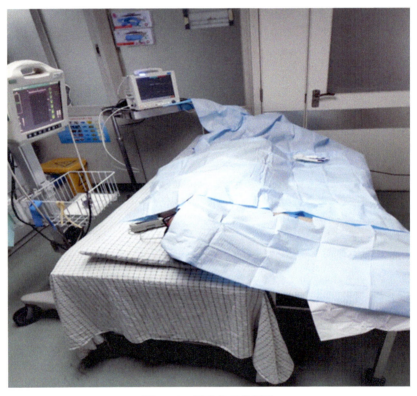

图 7-6 最大化无菌屏障

12. 预冲导管及套件

准备肝素稀释液预冲导管、导丝及配件,检查港座、导管完整性,浸泡导管外部。

13. 超声探头无菌化

助手用 75% 酒精纱布擦拭超声探头,垂直拿取超声探头。操作者取少许无菌耦合剂涂在超声探头上,然后在探头上罩上无菌保护套,清除保护套和探头之间的气泡,用外用无菌松紧带固定。

14. 准备导针架及塞尔丁格穿刺

根据血管深度连接超声导针器及穿刺针,将针尖斜面朝上(穿刺针黑色面朝向超声探头,图7-7)。

15. 再次定位血管

操作者扎止血带,使静脉充盈,探头轻压在原来的定位点上再次定位血管,并将选择好的血管影像固定在标记点的中央位置。左手固定好探头,保持探头垂直立于皮肤。

第七章　上臂静脉输液港植入术

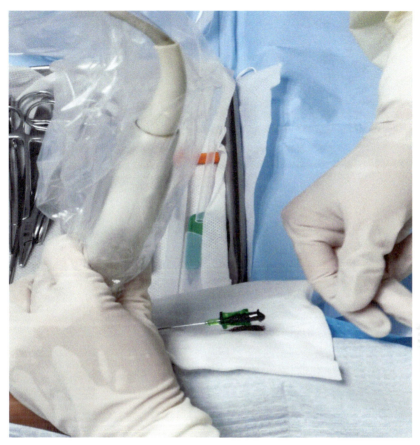

图 7-7　超声引导下改良型赛丁格穿刺见回血

16. 穿刺静脉

右手持穿刺针，操作者双眼监测超声屏幕进行静脉穿刺。超声显示屏上显示血管内中下 1/3 处一白色亮点，同时血从针尾处缓缓滴出，即为穿刺针已进入血管。放下探头。

17. 送导丝

穿刺成功后左手固定好穿刺针，右手持导丝插入穿刺针。导丝入血管后降低进针角度，缓慢匀速向前推送导丝。右手松开止血带，推送导丝，不应该超过腋窝，保持导丝外露 10～15 cm。穿刺针退出穿刺点，从导丝上缓缓撤出，固定导丝防止漂移或移位到静脉外。

18. 扩张穿刺点

持扩皮刀，将扩皮刀刀背贴在导丝上，刀刃向上与皮肤垂直，刀尖纵向刺入皮肤扩皮，刺入深度内 2～3 mm。

19. 插入扩张器/穿刺鞘组件

将血管穿刺鞘穿过导丝，从穿刺点向前推进入静脉，避免导丝滑入静脉（图 7-8）。

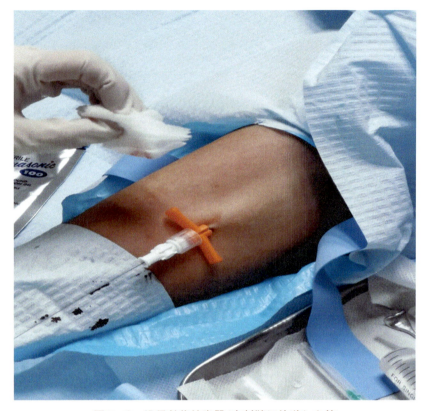

图 7-8 沿导丝将扩张器/穿刺鞘组件送入血管

20. 撤导丝及扩张器

操作者左手拇指、示指固定穿刺鞘翼，中指按压穿刺鞘末端处上方的静脉止血，右手轻轻旋转套筒柄 90°，缓慢地从穿刺鞘内同时取出导丝和穿刺鞘，随即用左手拇指封堵鞘口，并检查导丝的完整性。

21. 置入导管

固定好穿刺鞘，将导管向穿刺鞘内缓慢、匀速送入（图 7-9）。当导管进入约 10 cm 时，嘱患者将头转向穿刺侧，并低头使下颌贴近肩膀，以防止导管误入颈静脉。继续送管至患者体内 30 cm 后，暂停送管，并询问患者感受。撤出穿刺鞘，使其远离穿刺口。

22. 准备心腔内电图导管定位

（1）将导管外接肝素帽，用 20 mL 注射器抽取 10 mL 肝素稀释液，接上无菌注射针头并排气。将无菌注射针头 1/2 插入导管末端外接的肝素帽内，并推注 2 mL 生理盐水，保证管道内无空气。

（2）连接导联线鳄鱼夹与注射针头。操作者将无菌导联线的鳄鱼夹一端直接与针头连接（图 7-10）。

（3）连接心电适配转换器。操作者将夹在无菌针头上的无菌导联线另一端递给助手，助手将其连接于心电适配转换器。

（4）建立生理盐水柱。缓慢送管，匀速缓慢推注生理盐水，推注力量和速度以能

第七章 上臂静脉输液港植入术 135

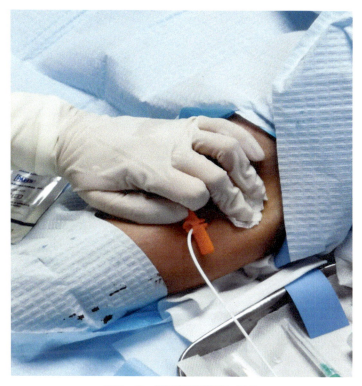

图 7-9 沿可撕脱鞘置入导管

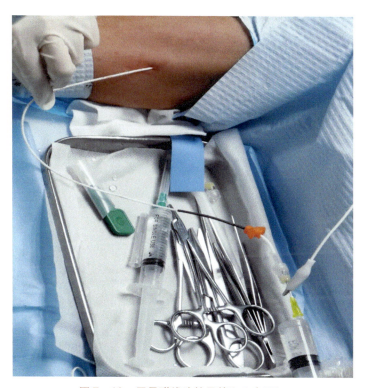

图 7-10 用导联线连接导管和心电图机

保持导管内充满液体的最小力量和最低流速为宜，即可观察到腔内心电波形。

23. 体表心电图与腔内心电图的观察

操作者一边缓慢轻柔送管，一边密切观察监护仪显示屏，通过观察心电图 P 波的变化（图 7-11）以判断导管尖端位置。当导管到达预测量长度时，观察 P 波变化。导管进入上腔静脉前 P 波与体表心电图无显著波差异；导管尖端进入上腔静脉后 P 波逐渐增高，此时可嘱患者将头转向舒适位置；导管尖端进入上腔静脉中下段时，P 波明显增高；导管尖端到达上腔静脉与右心房交界处时，P 波达高峰，与 QRS 波平齐；P 波达高峰后回落和/或出现双向 P 波时，判断导管进入右心房，此时停止送管并回退导管 1~2 cm；P 波显示为正向的最高峰水平位置时，停止退管，去除连接注射针头上的鳄鱼夹。

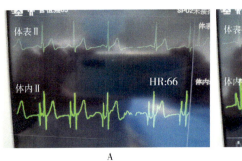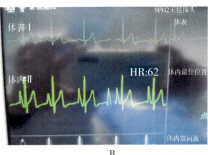

A：导管尖端在右心房；B：导管尖端在上腔静脉。

图 7-11 心电图 P 波的变化

24. 制作囊袋植入港座

（1）根据拟置港区域，将 5~10 mL 2% 利多卡因注射液逐层麻醉至皮下脂肪层上。在局部麻醉范围覆部囊袋及切口区域。

（2）沿穿刺点向远心端斜下方做约 2 cm 的皮肤侧切口。

（3）用弯止血钳从切口作钝性分离，在皮下形成适合港座大小的囊袋，制作形成港座囊袋（图 7-12）。

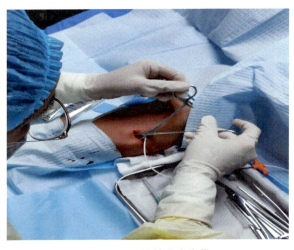

图 7-12 钝性分离囊袋

（4）用带有生理盐水的无菌湿纱布清洁导管上的血渍。

（5）插入引导棒，形成皮下隧道至置管处切口，将导管近端拉至皮囊，放入导管锁扣（图7-13）。

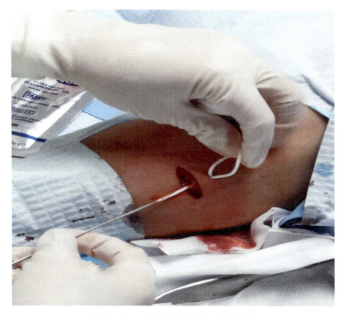

图7-13 引导导管穿过皮下隧道

（6）根据已确认的导管长度修剪导管，用无菌剪刀与导管保持直角修剪导管。

（7）用连接导管锁锁定导管。

（8）将20 mL肝素稀释液注射器连接无损伤针头，左手示指和拇指固定好港座，右手轻柔、垂直地将无损伤针头插入港座，回抽观察有无回血。见回血后，以脉冲方式冲管检查植入式静脉输液港导管通畅性（图7-14）。

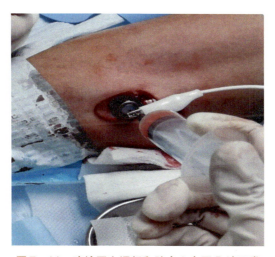

图7-14 确认回血通畅和腔内心电图P波正常

(9) 确认连接牢固,使用拉钩将港座置入皮下囊袋中。

25. 再次确认植入式静脉输液港导管通畅性

用20 mL肝素注射液稀释液注射器连接无损伤蝶翼针并排气,左手示指、拇指和中指固定好港座,右手轻柔、与囊袋垂直地将无损伤针插入港座,回抽观察有无回血,见回血后,以脉冲方式冲管,检查植入式静脉输液港导管的通畅性。将无损伤蝶翼针保留于局部,这起到固定港座的作用(图7-15)。

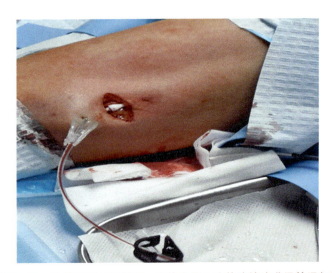

图7-15 连接无损伤蝶翼针,并检查植入式静脉输液港导管通畅性

26. 缝合切口

用皮肤缝线缝合皮下组织2针,再进行切口缝合2针。

27. 清洁切口缝合处周围皮肤上的血渍

清洁切口缝合处周围皮肤上的血渍(图7-16)。

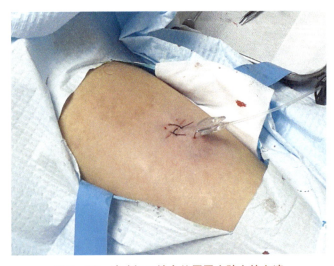

图7-16 清洁切口缝合处周围皮肤上的血渍

28. 伤口敷料固定

消毒后切口处压1块95%酒精纱布，在蝶翼针下放2块开口纱布，伤口外使用4～5块纱布并加压包扎（图7-17），观察患者术肢的血运情况。在穿刺点2 cm上粘贴1片爱立敷水胶体敷贴，防止静脉炎。

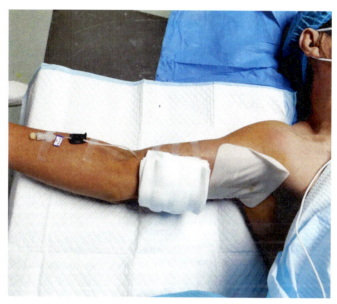

图7-17　术部包扎固定

29. 整理用物

撤除电极片及无菌导联线。

30. 洗手，向患者交代注意事项

嘱患者术后正常活动肢体，次日换药，根据患者营养及活动情况7～10天后拆线。

31. 行X线胸片检查，验证植入式静脉输液港尖端位置

结合腔内心电图定位的结果判断植入式静脉输液港尖端是否在上腔静脉下1/3段或上腔静脉与右心房交界处。

四、术后记录

1. 记录置港信息

置港信息包括穿刺时间、置入的静脉、臂围、置入长度、导管最终到达的尖端位置、穿刺是否顺利、患者有无不适主诉等。填写《植入式静脉输液港护理手册》，交给患者妥善保管。

2. 术后观察

术后每天临床护士观察患者手臂输液港局部有无红、肿、热、痛，以及伤口愈合情况。

第四节　上臂输液港植入术常见并发症

1. 穿刺失败

（1）原因。

A. 探头握持不稳，不能有效固定穿刺血管，穿刺针不能进入靶静脉中心。

B. 选择血管过细，加之握持探头过于用力，靶静脉及皮下组织被压瘪。

C. 穿刺针穿破血管或因组织回弹，穿刺针被带出血管，导致穿刺失败。

D. 血管条件差，放松止血带过早或动作过大，穿刺针外移导致穿刺失败。

（2）预防及处理。

A. 操作者应掌握超声探头握持的方法，训练握持探头的稳定性。

B. 充分评估，选择最佳血管穿刺，避免选择侧支静脉。

C. 若患者血管条件差、血管细，建议由助手协助送入导丝，提高穿刺成功率。

2. 误穿动脉

（1）原因。

超声引导下置管选择肱静脉时，因肱动脉与肱静脉伴行，容易误伤肱动脉。

（2）预防措施。

A. 置管前通过血管超声仪准确判断动静脉。

B. 首选贵要静脉。若必须选择肱静脉穿刺，建议在超声引导下调整穿刺的角度并观察动静脉位置及结构。

C. 及时通过置管过程中血液的颜色和出血方式来判断是否误入动脉。

D. 发现误穿动脉要及时拔除穿刺针或导管，压迫局部传穿刺点约 10 min。

E. 密切观察穿刺部位有无形成血肿，然后重新更换穿刺点。

3. 神经损伤

正中神经在上臂位于肱动脉外侧，尺神经位于肱动脉内侧。选择肱静脉穿刺时应避免神经损伤。

（1）原因。

在超声图像上不能很好判别神经，穿刺时进针过深。

（2）预防措施。

A. 首选贵要静脉。

B. 避免穿刺过深，避免在静脉瓣处进针。

C. 操作者掌握神经的解剖位置，能在超声图像中识别神经。

D. 听取患者主诉，穿刺时若患者出现触电般的疼痛或麻木感，或置管后长时间感到疼痛和手臂无力，要考虑神经损伤，须立即拔出穿刺针或导管。

E. 重新选择合适的穿刺部位穿刺或报告医生进行相应的处理。

第五节　上臂输液港植入术操作技巧

一、上臂最佳静脉的选择

选择原则如下。

（1）超声显示静脉呈单个、最大、内膜清晰（超声下为黑色），此为最佳静脉。避免选择内膜边缘不清晰的静脉，超声下表现为内膜呈灰白色，静脉边缘有白色条索状，此种静脉内膜可能有损伤，多数是反复置管所致。慎选不易被压瘪、易滑动、固定性差的静脉，避免选择在静脉瓣周围穿刺。

（2）首选贵要静脉，其次选择肱静脉，或腋下腋静脉。

（3）选择肱静脉和腋静脉穿刺时需要注意，肱静脉和腋静脉一般伴行动脉，穿刺时避免选择动脉与静脉呈上下垂直关系的静脉置管，以免误伤动脉。遇到此种情况，转动穿刺侧手臂，或调节超声探头位置，使动静脉关系转为左右水平。

（4）通过超声检查测量静脉内径，导管外径与血管内径的比例为不小于45%。此值越小越好，可有效降低血栓的发生率。

二、穿刺部位的选择

上臂输液港的最佳穿刺点为上臂中段。定位方法为：测量肱骨内上髁到腋下的距离，将测量的长度平均分为三部分。中间部分的上段为最佳穿刺点，输液港的港体位置也应放在中间段。避免港体在下段，靠近肘关节，以减少肘关节活动时对港体的影响，同时也避免港体对肘关节活动的影响。

第六节　上臂静脉输液港植入术的护理要点

一、术前护理

（1）向患者及其家属解释手臂输液港置入的优缺点。
（2）解释手术的注意事项，如体位摆放及手臂制动等。
（3）简述操作流程，嘱患者放松心情，进行心理护理。

二、术中护理

（1）患者取平卧体位，手臂外展。
（2）告知患者置港侧上肢制动。置港过程中若有不适，患者可以通过语言告知，切勿乱动，以防污染手术区域。
（3）密切关注患者情况：有无胸闷气促、肢体麻木和疼痛等不适。

三、术后护理

（1）输液港置入术后，嘱患者或其家属按压港座植入处及颈部穿刺处约30 min，预防血肿形成。

（2）测量生命体征，观察港座植入处有无渗血、渗液及血肿，询问患者有无肢体麻木和疼痛等不适，若有异常情况应及时与医务人员联系。

（3）术后行X线胸片检查。在医生确认导管位置正常，护士通管通畅的情况下，方可经输液港静脉输液。若出现导管异位、扭结、折叠、螺旋、环绕和卷曲等，应联系置港医生及时处理。

（4）告知患者术后3天内局部可能出现疼痛、瘀斑，以上症状一般可自行缓解。如果症状严重，可以适当使用止痛、水胶体敷料等进行皮肤促愈护理。

（5）手术当日囊袋切口若有松动，应随时更换敷料。建议术后第2天予更换敷料，并观察切口有无渗血、渗液、血肿及皮下瘀斑等现象。若有异常情况，应及时与主管医生沟通。

（6）一般用可吸收线缝合，伤口无须拆线。切口完全愈合时，才可以沾水。

（7）注意观察手臂有无肿胀，定期测量臂围。若大于基础臂围2 cm，立即查看有无手臂红肿、疼痛等情况。若有异常应及时处理。

（8）须避免使用置港侧手臂提过重的物品（超过5 kg的物品），不能做引体向上、托举哑铃、打球等活动度较大的体育活动。

（9）手臂输液港置入者避免用置管侧肢体环抱小孩。

（10）手臂输液港置入者每天做握力练习，每天3次，每次100下。

（李丹　胡丽娟　沈琼）

第八章 股静脉输液港植入术

第一节 股静脉解剖

一、股静脉

股静脉（femoral vein）是腘静脉的延续，起自收肌腱裂口，与同名动脉伴行，在腹股沟韧带后方延续为髂外静脉（图 8-1）。股静脉在收肌管远侧位于股动脉后外侧，在收肌管近侧和股三角远端（股三角尖）位于股动脉后方，更近端即股三角的底，位于股动脉内侧。在收肌管远端，其位于股动脉后外侧；在收肌管近侧，其位于股三角下方，股动脉的后侧；在股三角底边，其位于股动脉内侧。股静脉位于股鞘中间鞘，股动脉和股管之间。股管内充填脂肪，利于静脉扩张。

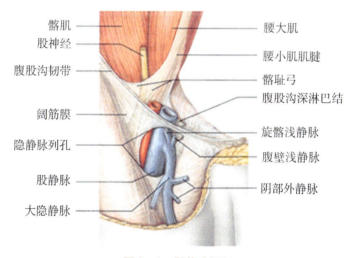

图 8-1 股静脉解剖

股静脉有许多来自肌内的属支。在腹股沟韧带远侧 4～12 cm 处，股深静脉汇入其后部，大隐静脉汇入其前部。在大隐静脉进入隐静脉裂孔前，有与腹壁浅动脉、旋髂浅动脉和阴部外动脉伴行的静脉注入。旋股内、外侧静脉是股静脉的属支。股静脉中常有 4～5 个静脉瓣，其中的 2 个常见的瓣膜位于股深静脉入口远侧和股静脉韧带附近（图 8-2）。

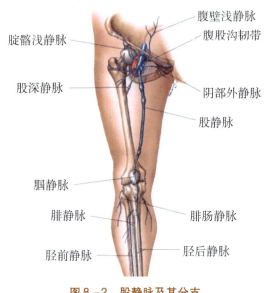

图8-2 股静脉及其分支

第二节 股静脉输液港植入术适应证和禁忌证

一、适应证

适应证如下。

（1）外周静脉条件差，需要长期输液或保留静脉通路，或需要反复多次进行血样采集。

（2）需要长期或多次输注有毒、刺激性、高渗性、黏稠度较高或其他容易引起静脉炎的药物，如化疗药、肠外营养液等。

（3）有上腔静脉阻塞综合征、颈内静脉或锁骨下（腋）静脉及上腔静脉内血栓形成，或有其他不适合行以上部位穿刺的临床因素等。

（4）患者自愿进行植入式静脉输液港植入并签署知情同意书。

二、禁忌证

禁忌证如下。
（1）合并严重基础疾患，不能耐受或配合手术。
（2）严重凝血功能障碍。
（3）有下腔静脉压迫或阻塞、下肢淋巴血流障碍或置港侧肢体造成肿胀者。
（4）全身感染或拟植入部位感染未能控制。
（5）植入部位具有放射治疗史。
（6）局部组织影响输液港稳定性。

(7) 拟植入深静脉有静脉炎和静脉血栓史。
(8) 腹腔肿瘤患者慎选。

第三节 股静脉输液港植入术流程

一、术前评估

(一) 临床评估

评估内容如下。
(1) 是否存在心脏大血管变异、下腔静脉阻塞、严重的心律失常等病史。
(2) 是否存在预植入部位放疗史。
(3) 是否存在血栓病史及凝血功能异常。
(4) 是否存在影响港体放置和稳定性的其他因素。

(二) 实验室检查

实验室检查内容为：①血常规；②凝血功能；③肝肾功能；④病毒八项，包括乙型肝炎病毒（hepatitis B virus，HBV）、丙型肝炎病毒（hepatitis C virus，HCV）、人体免疫缺损病毒（human immunodeficiency virus，HIV）和梅毒的检查。

(三) 影像学检查

有条件者可根据股静脉入路常规行预穿刺部位血管 B 超检查。

(四) 确认无手术禁忌证并签署知情同意书

确认患者可行股静脉输液港植入术，详细告知患者手术风险，并让患者签名。

二、术前准备

(一) 物品及手术器械准备

准备好输液港套装、B 超机及手术器械包；配置常规局部麻醉药物和肝素盐水。

(二) 植入式给药装置准备

检查外包装有无破损污染，内容物是否完整；确认导管鞘及扩张器已锁住、止血阀正确封堵导管鞘，将导管导丝"J"形前端拉直备用；用肝素生理盐水冲洗港座、导管、导管鞘及扩张器组件、穿刺针等。

(三) 患者体位及术者操作准备

患者清洁皮肤，取仰卧位，置管侧下肢外展 20°～30°，外旋 45°，充分暴露腹股沟。以股动脉搏动最强处内侧 0.5～1.0 cm 下方 1～2 cm（或超声引导）为穿刺点，用标记笔标明穿刺点和港座安放区域。严格消毒（消毒范围应超出拟置管、埋植入式静脉输液港部位 15 cm 以上）并铺无菌单。

三、术中操作

1. 经皮股静脉穿刺

穿刺点予2%利多卡因注射液局部麻醉,经皮行股静脉穿刺,(亦可在超声引导下)持注射器带穿刺针与腹股沟皮肤呈30°～45°朝股动脉搏动点内0.5～1.0 cm方向刺入皮肤后(图8-3),回抽并朝内侧带负压进针3～5 cm(视局部皮下组织厚度)见回血。辨识回抽为静脉血后继续推进0.1～0.2 cm,撤除注射器(送入导丝前应用拇指封堵穿刺针尾端),经穿刺针置入导丝15～20 cm至下腔静脉(术中可采用X线透视显示导丝进入下腔静脉)。固定导丝,撤出穿刺针。

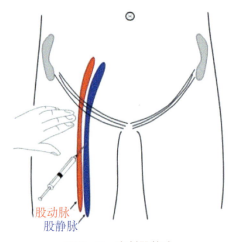

图8-3 穿刺股静脉

2. 置入可撕脱扩张鞘

扩大穿刺点周围约0.5 cm长切口,以辅助手固定穿刺点皮肤,沿导丝置入可撕脱扩张鞘(包含穿刺鞘和内芯),向前旋转推送扩张鞘并注意防止损伤血管(图8-4)。

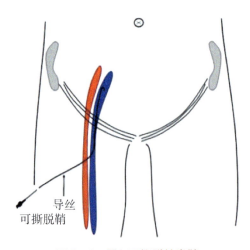

图8-4 置入可撕脱扩张鞘

3. 置入导管

松开穿刺鞘和内芯之间的连接接口，撤出内芯，以拇指堵住穿刺鞘开口，沿穿刺鞘送入导管至下腔静脉，回抽静脉血通畅并用 5 mL 肝素生理盐水冲管。在 DSA 透视下操作可在术中调整，以确定导管尖端位于下腔静脉（L3—L4 椎体水平或下腔静脉与髂静脉汇合）处。拔出穿刺鞘，撤出导丝，夹闭导管后端。

4. 确定囊袋

选择靠近髂前上棘处腹壁（图 8-5）或大腿近端前侧离穿刺点 3～5 cm 皮肤处（图 8-6）行局部麻醉。切开皮肤、皮下组织。在距皮肤表面 0.5～1.0 cm 钝性分离皮下脂肪纤维组织并制作囊袋（切口和囊袋大小依照植入式静脉输液港型号而定，以可容纳植入式静脉输液港为标准，囊袋不宜过浅）。

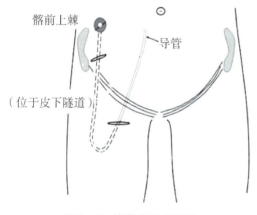

图 8-5　囊袋位置在腹壁

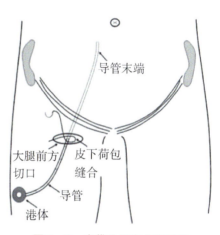

图 8-6　囊袋位置在大腿近端

5. 建立皮下隧道

自穿刺点平行向外延长 0.5～1.0 cm，切口至皮下，隧道针自囊袋至穿刺点切口最外侧点形成皮下隧道。将导管套入隧道针头并沿隧道将导管缓慢牵引至囊袋切口。注意导管弧度，避免形成锐角或急弯以免影响导管通畅，确保导管不会滑出血管，通过刻度确定导管进入血管内的正确长度。

6. 连接导管和港座

将导管锁套入导管，注意导管锁放射显影标记应在远离港座的一端。按照预先测量长度垂直导管，剪断体外多余导管（应留有足够长度以应对身体移动和连接港座），保证断缘平滑，避免剪出斜面和毛刺。用手将导管推送至略过导管接口的突起部位，再将导管锁推进至底端，此过程注意保持导管腔和港座接口对接时成一条直线，应避免暴力挤压、血管钳夹闭，以防导管破损，回抽见血后用肝素生理盐水封管。

7. 安放港座

安放港座于囊袋内，再次调整腹股沟及皮下隧道内导管的走行和弧度，避免扭曲。用无损伤针试穿港座，若无阻力，回抽血液以确认港路通畅。用 10 mL 以上的注射器抽取肝素生理盐水进行脉冲式冲洗。确认无堵塞，查看港座与导管连接处有无渗漏。

8. 缝合及维护

缝合固定港座和周围组织。缝合囊袋前，应对囊袋进行充分止血。缝合囊袋切口及穿刺点切口，用75%乙醇溶液消毒皮肤切口，插针以固定港体，造影以确认置管成功。用 5 mL 肝素生理盐水（100 U/mL）正压封管。用无菌敷料覆盖穿刺点切口，用无菌敷料覆盖腹壁囊袋切口后加压包扎。若无 DSA，则须拍摄腹部平片以确认导管位置。

四、术后记录

将手术信息、导管植入长度和胸片导管位置等信息记录到植入式给药装置维护手册，便于后期维护。常规换药，10～14 天后进行伤口拆线。

第四节　股静脉输液港植入术常见并发症

常见并发症如下。
（1）穿刺引起股动脉、神经损伤，动静脉瘘，局部血肿形成及气体栓塞。
（2）感染或非感染导致的皮肤、软组织损伤，静脉炎，局部药物外渗。
（3）导管相关性感染、相关性血栓、纤维蛋白鞘。
（4）导管阻塞、破裂或断裂、导管异位及迁移。

第五节　股静脉输液港植入术操作技巧

股静脉输液港植入术的操作技巧如下。
（1）股静脉输液港操作方便，局部手术区域创伤较小，特别适用于上腔静脉阻塞的患者，可成为上腔静脉受限时良好的替代途径。
（2）股静脉的解剖位置靠近会阴部，易发生感染。为了减少感染的发生，可把港体放置于腹部或大腿近端前侧，并严格执行无菌操作，认真做好术前评估、健康宣教、置港期间的维护工作，从而减少术后感染的发生。
（3）下肢静脉回流较慢，发生下肢深静脉血栓的可能性较上肢静脉的高。左侧髂静脉易受到腹主动脉分叉和左侧髂动脉及腹股沟韧带的压迫，下肢深静脉血栓多发生于左下肢。而右侧髂静脉角度小于左侧，且不会受 May-Thurner 综合征影响。因此，首选右股静脉穿刺并置港。
（4）避免在同一部位反复穿刺。穿刺过程中，若需要改变穿刺方向，则须将针尖退至皮下，以免损伤血管。
（5）误穿股动脉后，局部应给予较长时间的压迫止血。

第六节　股静脉输液港植入术的护理要点

一、术前护理

（1）患者取平卧位，清洁术肢。
（2）评估预置管部位皮肤情况，如有无水肿、皮疹、瘢痕、感染等情况。
（3）评估置管侧肢体皮下脂肪的大致厚度。

二、术中护理

（1）由于股静脉的解剖位置靠近会阴部，必须严格无菌操作，预防感染的发生。
（2）注意操作细节。若误穿股动脉，应及时压迫止血，避免血肿的形成。

三、术后护理

（1）密切观察置管侧肢体有无肿胀、疼痛等不适感，每天测量腿围变化。若腿围大于基础腿围 2 cm，应及时处理。
（2）避免穿刺侧肢体剧烈活动，防止穿刺点出血及导管脱出。
（3）指导患者做踝泵运动，每天 3 次，每次 10～15 min，促进下肢血液循环，预防下肢静脉血栓形成。
（4）注意观察置管侧肢体足背动脉波动、肤温变化等情况。

（尹国文　余辉　陆游）

第九章 儿童静脉输液港植入术

第一节 儿童静脉解剖

儿童颈前区重要的体表解剖标志包括甲状软骨、环状软骨、气管和胸锁乳突肌等。颈内静脉位于由颈筋膜中层形成的颈动脉鞘内，主要的走行区域为：颈动脉三角及胸锁乳突肌区，在颈根部胸锁关节后方及胸膜顶的上方与锁骨下静脉汇合成头臂静脉（图9-1）。以颈总动脉发出颈内动脉的水平划分，在颈动脉鞘的下部，颈总动脉位于后内侧，颈内静脉居前外侧。颈内静脉大部分被胸锁乳突肌覆盖。颈内静脉与锁骨下静脉汇合处被称为静脉角，胸导管多数注入左静脉角。右颈内静脉延续至头臂筋膜的角度较平直，而且右侧胸膜顶位置较左侧低，穿刺并发症发生率较低。临床上首选右颈内静脉输液港置入术。

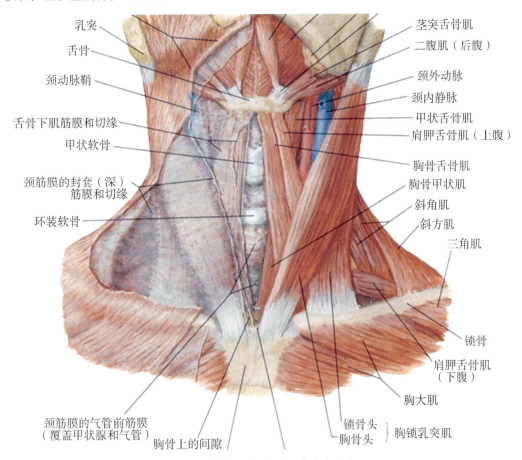

图9-1 儿童颈前区重要的体表解剖标志

上腔静脉位于上纵隔右前方，由左、右头臂静脉于右侧第一胸肋关节后方汇合而成，然后沿着升主动脉右侧垂直下行，约在第三胸肋关节水平注入右心房。左头臂静脉从左胸锁关节后方往右下方向斜行，止于右侧第一胸肋关节后方。

锁骨下静脉自胸壁第一肋外缘往颈根部走行，在前斜角肌前外方，于第一肋上方与锁骨下方之间向内与颈内静脉汇合。锁骨下静脉壁与第一肋、锁骨下肌及前斜角肌的筋膜愈着，发生损伤后难以闭合，容易导致气体栓塞。临床上经锁骨内侧端下方与第一肋之间进行锁骨下静脉穿刺置管（图9-2）。

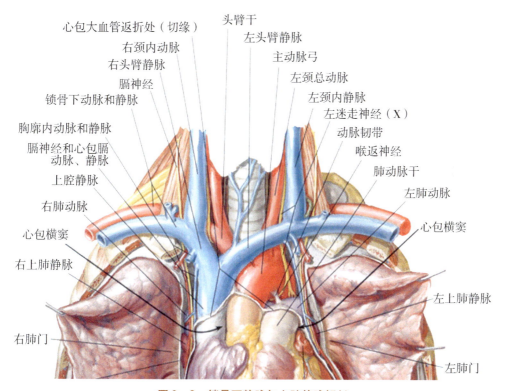

图9-2 锁骨下静脉与上腔静脉解剖

第二节 儿童静脉输液港植入术的临床适应证和禁忌证

一、儿童静脉输液港植入术的临床适应证

（一）肿瘤化疗

1. 儿童实体瘤的化疗

适合化疗的儿童实体瘤一般包括神经母细胞瘤、肾母细胞瘤、肝母细胞瘤、胰母细胞瘤、生殖细胞瘤、横纹肌肉瘤、尤文氏肉瘤等。

2. 儿童血液系统肿瘤的化疗

适合化疗的儿童血液系统肿瘤一般包括白血病、淋巴瘤等。

（二）长期的肠外静脉营养

适合进行长期的肠外静脉营养的消化道疾病一般包括短肠综合征、肠瘘、炎症性肠病等。

（三）其他

其他的适合行儿童输液港植入术的情况包括反复采血、输血治疗、刺激性药液等。

二、儿童静脉输液港植入术的禁忌证

（一）儿童静脉输液港植入术的绝对禁忌证

1. 急性全身性感染或手术部位局部感染未控制者

当急性全身性感染（如败血症或菌血症）未能控制时，置入的港体和深静脉导管属于医源性异物，细菌定植后难以清除感染源，导致全身性感染加重，严重者发生感染性休克和迁徙性病灶。拟施行手术部位的局部感染，如化脓性球菌引起的疖肿、痈等情况未能控制、痊愈，术后极其容易发生手术部位感染，甚至有导管相关性播散性感染的风险。

2. 未纠正的严重凝血功能障碍者

严重凝血功能障碍是择期手术的绝对禁忌证。输液港植入术列为非急诊手术范畴，应当尽量避免手术区域伤口活动性出血、血肿等严重的并发症。术前可通过输注血制品、补充凝血因子及输注血小板等途径纠正凝血功能，方可耐受手术；术后仍须维持良好的凝血功能状态，以减少术后出血并发症的发生。

3. 病情危重，不能耐受全身麻醉或手术者

患者的病情危重，生命体征异常，患者不能接受全身麻醉或手术体位等。

4. 对目前已知的输液港材料者过敏病史者

患者对植入物有过敏史。

（二）儿童静脉输液港植入术的相对禁忌证

1. 颈内静脉挤压及上腔静脉压迫综合征

颈内静脉周围存在占位性肿瘤病变，或周围淋巴结异常增大及融合，使其受到挤压。管径明显缩窄可能导致颈内静脉穿刺失败。这种情况需要改行经锁骨下静脉或贵要静脉途径置港。

儿童上纵隔淋巴瘤或远处转移、融合的纵隔淋巴结导致出现上腔静脉压迫综合征。上腔静脉回流受阻，血流速度降低。如果置入导管，导管周围容易形成血栓，可能会加重病情。在疾病病情允许的特殊情况下，可考虑将经股静脉途径置港作为临时的备选方案。

2. 颈内静脉或上腔静脉曾进行过外科手术

术前须谨慎评估。调阅既往的手术记录，完善大血管彩超、增强 CT 血管造影及血管三维重建等检查，联合血管外科、影像科等多学科诊疗（multi-disciplinary treatment，

MDT）会诊，在排除正常解剖结构未发生较大改变的情况下，可考虑手术。需要咨询血管外科医师，确定两次手术之间的最佳间隔时间。术中使用超声进行实时定位辅助，在直视下穿刺置管。手术操作须谨慎、动作轻柔。

3. 手术操作部位可能需要进行放疗

部分恶性肿瘤需行颈部或胸部放疗，如神经母细胞瘤、横纹肌肉瘤、尤文氏肉瘤等，置港区域应当避开拟放疗部位。这种情况可考虑经对侧贵要静脉途径置手臂输液港。

4. 严重营养不良者

严重营养不良患者术后容易出现伤口愈合不良或裂开，或发生伤口感染，甚至手术失败。如果港座浅面的软组织厚度很薄，术后容易发生皮肤破溃、港体外露。预防措施有：术中制作囊袋时须充分松解周围组织，囊袋宜大，减少张力；术中按解剖层次分层缝合；围手术期通过增加营养摄入，改善皮下脂肪层厚度；术后注意避免局部受压及摩擦等。

第三节　儿童静脉输液港植入术流程

一、术前准备流程

术前准备流程如下。
（1）评估手术适应证。
（2）根据病史、体格检查、检验和检查结果等情况，排除手术禁忌证。
（3）充分告知手术风险和相关的术中、术后并发症。签署手术同意书。

二、手术操作流程

以右颈内静脉输液港植入术为例，展开讲述儿童输液港植入术的具体操作流程。

（一）术野准备

1. 一般准备

入室前穿戴一次性帽子以包裹头发。将心电监测电极分别置于双侧肘部外侧及左下腹腋中线处。在小腿中上段留置儿童血压袖带。指尖放置血氧饱和度监测探头，行气管内插管。全身麻醉成功后，固定气管导管。患儿的双眼佩戴水胶体眼贴（图9-3）。大腿或腰背部粘贴电刀负极板回路。

2. 安置体位

患儿取去枕平卧位，保持颈部中立位，头低，保持颈部后伸位（5°～15°）。可使用软枕或可塑性流体垫进行塑形（图9-4）。必要时取头低脚高位，便于颈内静脉充盈。

3. 显露术野消毒范围

显露术野的消毒范围为：①上界，为下颌至乳突连线，后延至枕部发际线；②外侧界，为双侧颈外侧区与颈后区交界，双侧肩部及双侧上臂中下段；③下界，为双侧乳头连线水平下方约15 cm处。

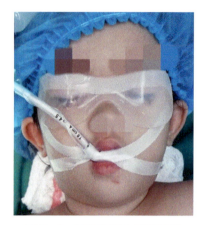

图 9-3 双眼佩戴水胶体眼贴

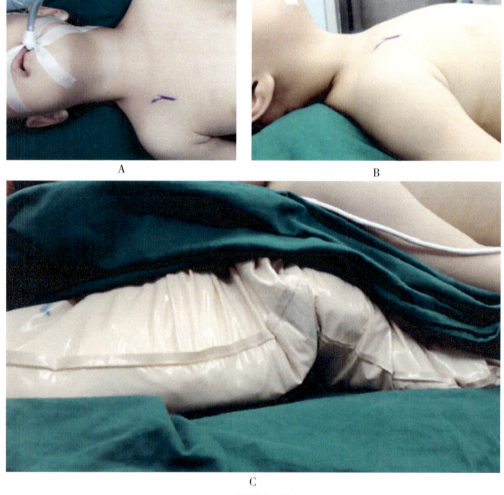

A—C：不同的安置体位。

图 9-4 安置体位

4. 术野——体表标记或超声定位标记

术野的体表标记包括标记甲状软骨、环状软骨、胸锁乳突肌前缘、锁骨上缘及下缘、胸骨角、乳头等。必要时可行床边血管超声定位颈内静脉预穿刺点的位置，并在体表做标记。

（二）消毒与铺巾

（1）按上述范围，使用2%葡萄糖酸氯己定醇皮肤消毒液常规消毒3遍。

（2）铺巾。在颈肩交界处、胸臂交界处放置无菌纱布，最大限度地避免术野底层露出孔隙。使用一次性编织无菌手术铺巾包。以铺巾大单能覆盖全身为度。

（3）铺巾的术野显露范围（图9-5）为：①上界，为颈前区舌骨水平；②外侧界，为延续至胸锁乳突肌后缘中点，向外下方向抵锁骨中外1/3处，最后居于腋前线与锁骨中线之间下行；③下界，为双侧乳晕下缘连线之间。术野的左侧份/右侧份备用，操作前可用台上铺巾或贴膜覆盖对侧，减少术野暴露范围，但需暴露至对侧胸骨线，以便术中触诊胸骨角进行体表解剖标记定位。

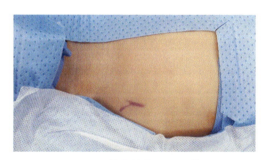

图9-5 铺巾的术野显露范围

（三）颈内静脉穿刺

行颈内静脉穿刺时建议使用一次性深静脉穿刺包，穿刺成功后再打开输液港操作包。较之成人，儿童颈内静脉穿刺的用具有不确定性。穿刺时间过长，会导致植入物在置入体内之前暴露于空气的时间延长，增加感染风险。4F型号的一次性深静脉穿刺包的配置与儿童输液港套件应完全匹配（图9-6）。

图9-6 4F型号的一次性深静脉穿刺包

(1) 前路法穿刺颈内静脉。配制肝素生理盐水,肝素浓度为 10 IU/mL。一般选取甲状软骨水平,或在环甲膜水平,左手示指触诊颈总动脉搏动,在搏动点外侧约 0.5 cm 及胸锁乳突肌前缘中点处穿刺,穿刺针与皮肤呈 30°~45°,朝向于同侧乳头方向。使用 18 G 穿刺针,应用赛丁格法穿刺,当注射器回抽到暗红色的回血,确认为静脉血,保持针头位置不动,分离注射器,置入导丝。导丝置入应无明显阻力、感觉顺滑,同时注意避免过深导致心律失常(图 9 - 7)。亦可术中超声引导下穿刺颈内静脉,探头亦可证实导丝位于颈内静脉内,避免误穿动脉的风险(图 9 - 8)。

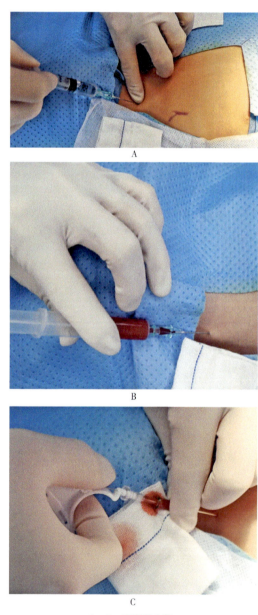

A—C:示穿刺步骤。

图 9 - 7 前路法穿刺颈内静脉

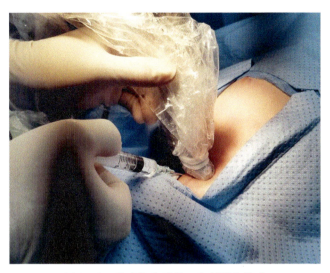

图9-8 术中超声引导下穿刺颈内静脉

（2）穿刺点扩皮。扩皮鞘管末端达真皮层以下即可。

（3）扩大穿刺点切口。借助扩皮鞘管保护导丝，沿穿刺点外侧延长切口，用尖刀片切开真皮层，一般延长至3～5 mm（图9-9）。拔除扩皮鞘管。助手扶持导丝，穿刺点予以纱布块压迫止血。

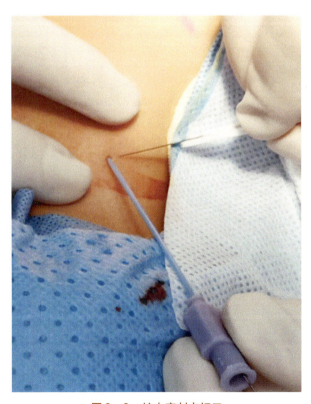

图9-9 扩大穿刺点切口

（四）颈内静脉置管

1. 备物

配备另一个无菌工作台，取出输液港操作包。检查和核对操作包器材。配制肝素生理盐水，肝素浓度为 10 IU/mL。肝素生理盐水充盈导管鞘、输液港底座，检查和确认其完整性。连接导管和配套注射器（容积为 12 mL）。用上述肝素生理盐水充盈管道、排气，检查和确认其完整性（图 9-10）。

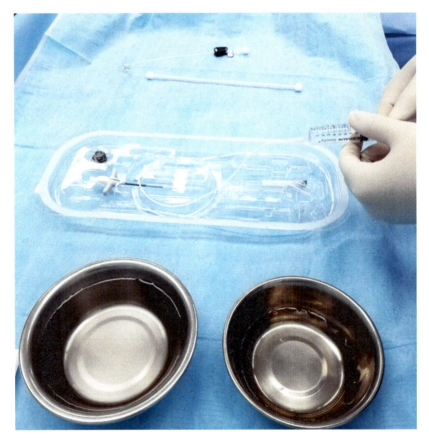

图 9-10 充盈管道、排气

2. 置入导管鞘

循导丝方向逐渐置入导管鞘，动作宜轻柔、缓慢，切忌暴力。当导管鞘末端穿破颈动脉鞘及颈内静脉前壁时，可获得突破感。应使导管鞘头端刚好越过颈内静脉与锁骨下静脉交会处达同侧头臂静脉腔内。右颈内静脉延续至右头臂静脉的角度较小，导管鞘可抵达上腔静脉内，利于精准置管。经左颈内静脉置管时，导管鞘的轴向略向外侧偏斜，利于导管顺势从左侧头臂静脉推进至上腔静脉内（图 9-11）。

第九章　儿童静脉输液港植入术　159

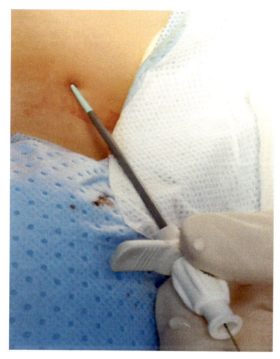

图9-11　置入导管鞘

3. 拔除导丝

拔除导丝后,助手用指端封闭导管鞘内芯外口,避免血液涌出和空气栓塞(图9-12)。

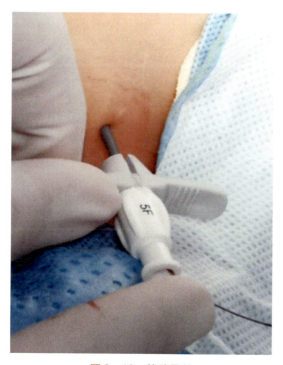

图9-12　拔除导丝

4. 拔除导管鞘内芯，循导管鞘置入导管

术区移入已连接完毕的导管和配套注射器。左手捏持导管鞘的一翼，右手捏持导管的末段并调整好角度（图9-13）。助手缓慢拔除导管鞘内芯，拔出末端的一刻，迅速置入导管尖端，这样既减少失血，也防止空气栓塞。

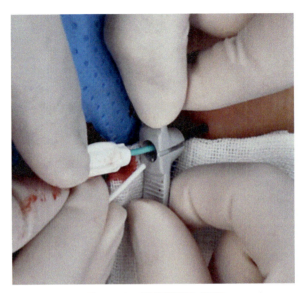

图9-13　导管鞘置入导管

5. 拔除导管鞘

固定导管，逐渐退出导管鞘。需要注意避免导管的拉扯，甚至脱出。建议整体移除导管鞘，减少静脉壁的损伤及穿刺点出血的风险。亦可对称撕开以移除导管鞘（图9-14）。

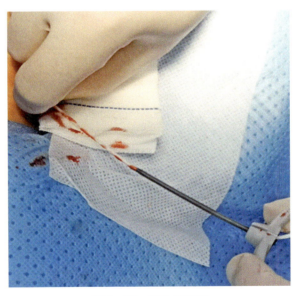

图9-14　拔除导管鞘

6. 置管预留深度

以胸骨角为标记，测量颈部穿刺点至同侧第二、第三肋间隙的上、中份胸骨外侧缘连线的长度（图 9-15）。左颈内静脉置管的情况下，须同时测量左胸锁关节至右侧第一胸肋关节的连线的距离数值。本步骤在确保不引起心律改变的临床安全的前提下，导管的预留长度暂时性地增加 1～2 cm，以便于后续步骤中导管深度的调整。

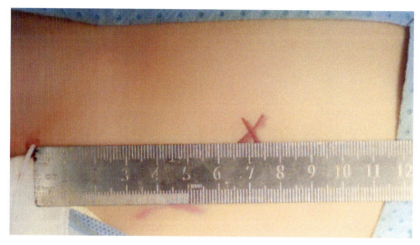

图 9-15　置管预留深度

7. 初步测试导管

配套注射器回抽确认暗红色的静脉回血（图 9-16），并能顺畅推注 5 mL 浓度为 10 IU/mL 的肝素盐水。在距导管末端 3～5 cm 处钳夹封闭（图 9-17），避免导管血液反流。拔除配套注射器，备用。

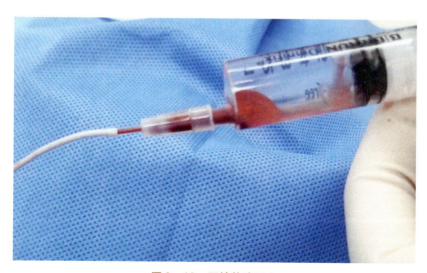

图 9-16　回抽静脉回血

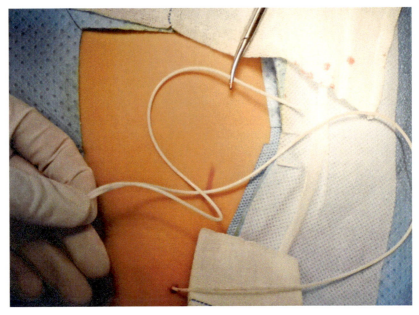

图 9-17 钳夹导管

（五）胸壁切口与囊袋的制作

1. **选取胸壁切口与输液港底座的位置**

注意事项如下。

（1）胸壁切口距离锁骨下缘约 2 cm 处。

（2）注意避免胸壁切口中点和颈部穿刺点的连线与同侧颈内静脉的走向所形成的夹角过小。

（3）胸壁切口外侧缘不超过锁骨中、外 1/3 交界点。

（4）底座位置注意避开乳腺组织和乳头。

2. **制作囊袋**

囊袋切口长度为 2～3 cm，以比底座横径增加 0.5～1.0 cm 为宜。用小圆刀切开皮肤达真皮层，切口正下方的皮下组织使用电切分离，皮下脂肪组织中的小血管用电凝离断，分离深度达胸大肌筋膜。提起切口下份皮瓣，以电切打开浅筋膜与胸大肌筋膜间隙，再更换小甲状腺拉钩沿垂直方向提起下份皮瓣，逐渐往足侧分离囊袋，两侧稍做分离。徒手探测囊袋的大小，局部出血点应用电凝或缝扎止血（图 9-18）。

第九章 儿童静脉输液港植入术

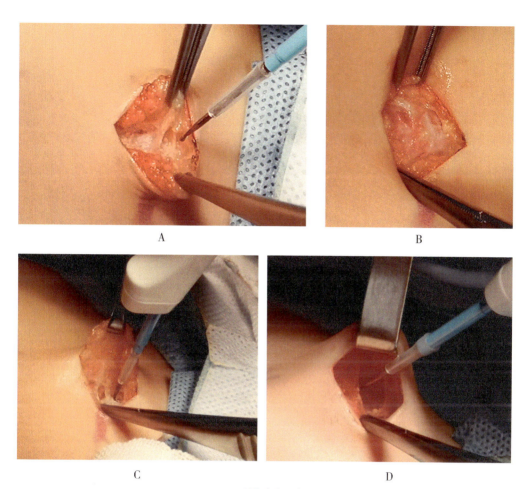

A—D：制作囊袋的步骤。
图9-18 制作囊袋

（六）建立皮下隧道

（1）经胸壁切口上份皮瓣中点的浅筋膜层置入隧道针，其末端方向朝向颈部小切口外侧缘，逐渐于颈部浅筋膜层潜行至穿出切口外（图9-19）。潜行过程中切忌动作粗暴。

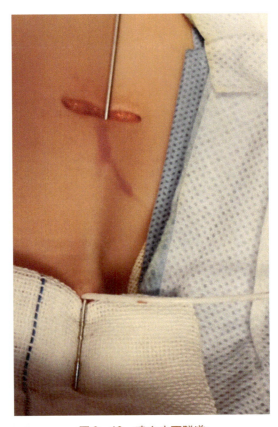

图9-19 建立皮下隧道

(2) 将隧道针末端套入导管末端(图9-20),松开夹闭钳,检查套入部位松紧度,防止松脱。

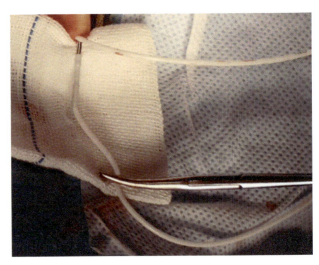

图9-20 隧道针末端套入导管末端

(3) 逐渐回退隧道针，将导管牵入皮下隧道，引至胸壁切口外。

（七）调整置管深度

(1) 徒手弯折导管远端（图9-21），避免回血，剪除导管末端套入隧道针的部位，经导管末端预先套入锁扣，连接好配套注射器，然后松开导管弯折处。

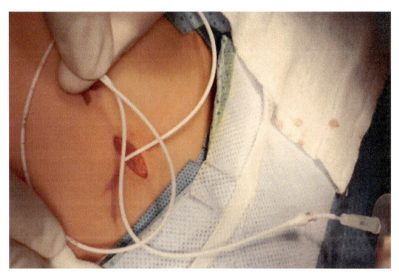

图9-21 导管远端徒手弯折

(2) 于胸壁切口处缓慢牵引导管远端，逐渐引出导管，使用配套的血管拉钩辅助（图9-22）。调整导管至最终需要的置入深度，并确认颈部切口处导管外壁数值刻度。行左颈内静脉置管时常需要术中X线片辅助确认导管末端位置（图9-23）。导管移行处应完全埋入皮下隧道；检查移行处导管的弧度是否合理，确认无折曲现象。

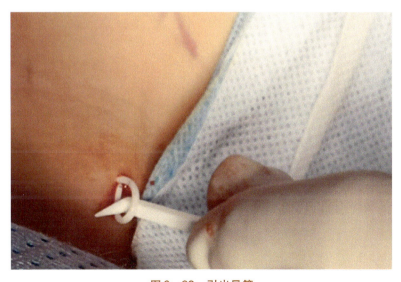

图9-22 引出导管

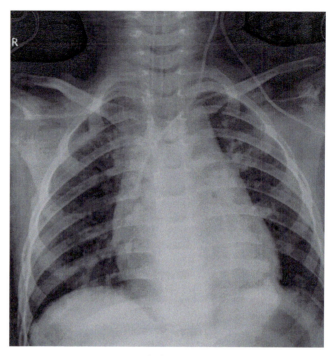

图9-23　X线片辅助确认导管末端位置

（3）配套注射器回抽确认回血，并能顺畅推注 5 mL 浓度为 10 IU/mL 的肝素盐水（图9-24）。

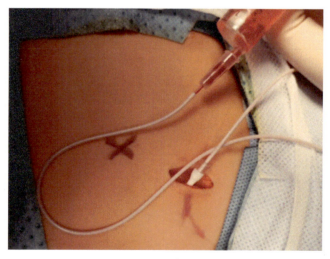

图9-24　回抽确认回血

（八）导管与输液港底座的连接

（1）上述步骤预置的导管锁扣已沿着导管拨至切口上份。徒手捏持导管避免血液反流，在距离锁扣约 1.5 cm 处剪断导管（图9-25）。一般情况下，该长度可避免底座直接暴露于切口正下方。

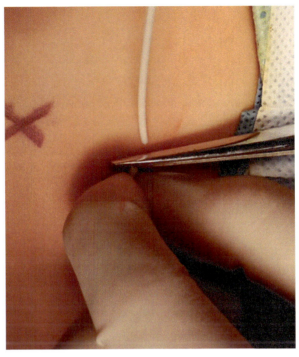

图 9-25　剪断导管

（2）左手徒手捏持导管；右手捏持输液港底座的两翼，掌心朝下并保持位置相对固定。使导管末端正对底座接头，再缓慢套入并越过底座接头的梯形底边少许，但非全部覆盖接头的凹槽部位（图 9-26）。往底座方向推动锁扣，可听到咔嚓声或感到落空感，此时锁扣完全覆盖底座接头，显示锁扣到位（图 9-27）。

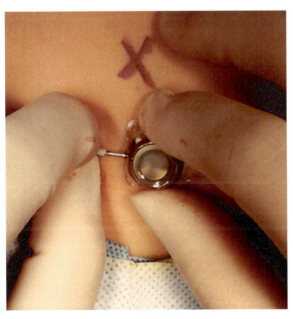

图 9-26　连接港座与导管

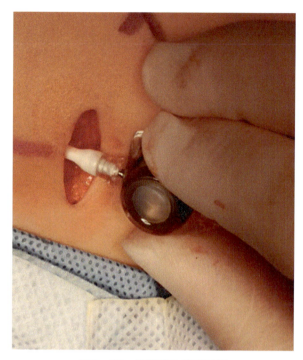

图9-27 连接锁扣锁定导管

(九) 底座置入囊袋并固定

使用小甲状腺拉钩牵起囊袋下份皮瓣,将底座小心置入囊袋(图9-28)。检查导管走行是否顺畅。用2号慕斯丝线固定底座两边的侧孔,缝线铆定至胸大肌筋膜(图9-29)。

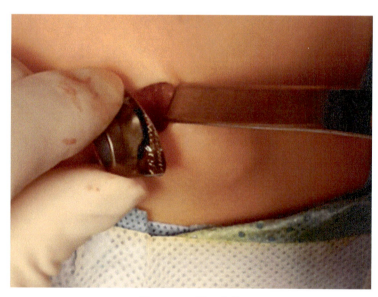

图9-28 置入囊袋

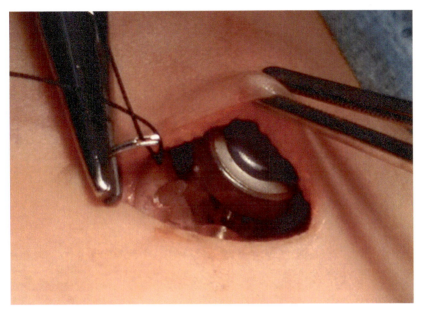

图 9-29 缝合

(十) 逐层缝合胸壁切口及缝合颈部穿刺点切口

使用可吸收线间断缝合筋膜层、脂肪组织，皮下连续缝合胸壁切口（图 9-30）。可使用组织胶水粘连皮肤，加固伤口。对于颈部小切口，使用快微乔线间断缝合 1 针；伤口长度在 3 mm 以内者，亦可直接使用组织胶水黏合（图 9-31）。缝合过程须谨慎，避免缝针刺伤导管。

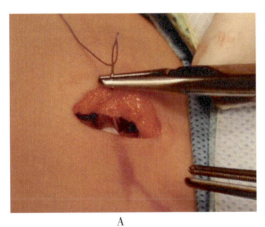
A

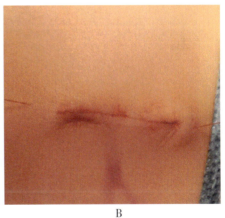
B

A：皮下连续缝合；B：缝合后切口。

图 9-30 缝合切口

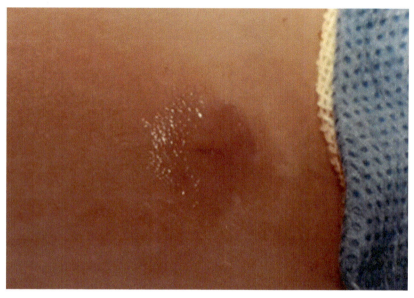

图 9-31 组织胶水黏合

(十一) 留置蝶翼针，测试导管并封管，固定敷料

消毒胸壁囊袋皮肤，固定底座后经皮穿刺置入蝶翼针。用生理盐水冲洗导管及完成测试后，使用 5 mL 浓度为 100 IU/mL 的肝素盐水行脉冲式封管（图 9-32）。自制裁剪敷料加压包扎伤口，用薄膜敷料固定蝶翼针。

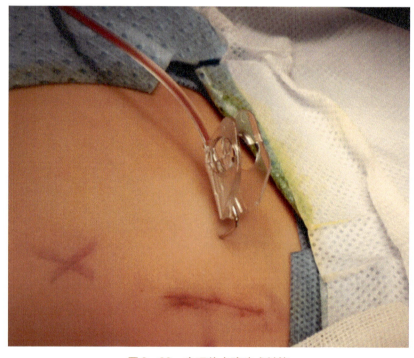

图 9-32 生理盐水脉冲式封管

（十二）胸部正位片检查

术中或术后行常规行胸部正位片检查（图 9 - 33）。了解输液港港座与导管全程的情况，评估导管输液的安全性，达到要求后才能输液。必要时行胸部侧位片或经导管注入造影剂检查。

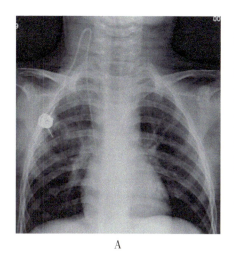
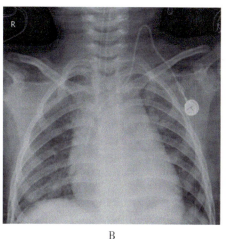

A、B：不同角度。

图 9 - 33　胸部正位片检查

第四节　儿童静脉输液港植入术的操作技巧

一、入室前准备

（一）备皮

仔细检查和清洁术野皮肤，涵盖穿刺点和置港部位周围 15 cm 以上范围。

（二）记录

记录患儿的性别、手术年龄及体重，需要重点测量身长或身高。评估患儿目前是否存在偏离正常儿童生长曲线图谱 ±2SD 的情况。与主诊医师确认每例患儿需要使用输液港配合治疗的具体时间跨度（部分疾病或容易复发的恶性肿瘤可能需要 2～3 年，或甚至更长）。按正常儿童生长曲线图谱预测将来的时间点的增长的身高数值，在保证手术安全的前提下，以此权衡本次手术中预留能够满足覆盖全程治疗所需的输液导管长度。

（三）术前影像学资料的准备

拍摄胸部正位片和做心电图检查，选做项目为：胸部增强 CT（部分病例若已行胸部 CT，可替代胸片，以更详细、直观地了解上腔静脉和头臂静脉的情况）、大血管彩超、超声心动图等检查。

（四）全身麻醉诱导前的准备

术前常规禁食、禁饮。询问有无药物过敏史及深静脉置管病史。

（五）标识

家属在场确认下，在患儿拟行置港部位使用标记笔标示"Y"。

二、术前准备

1. 麻醉方式

行气管内插管全身麻醉，建议使用带螺纹的气管插管，妥善固定。

2. 患儿的体位

麻醉显效后取平卧位。垫高双肩，维持颈部后伸位（5°～15°），使颈部充分伸展；颈部保持中立位。

3. 物品的准备

一次性深静脉穿刺包（型号：4 F）、儿童输液港套件（型号：4.5 F）、一次性编织无菌手术铺巾包、普通手术器械包（另需精细无损伤镊2把、小号甲状腺拉钩1把）、带保护鞘的针式电刀、2号慕斯丝线1包、各种型号可吸收线3条、组织胶水1支、薄膜敷料、肝素盐水、生理盐水等。

4. 医护人员的准备

严格进行外科手消毒，术区常规消毒；建议穿着无菌衣后再行铺巾。

5. 切皮前手术暂停核对

麻醉师、巡回护士和器械护士、手术医师三方核对患儿的姓名和住院号、手术方式、手术部位与标识、预计手术时间和失血量、麻醉关注点、无菌物品和植入物的有效期及其外包装完整性，核对手术器械数目、使用的生理盐水和肝素等。

三、术中的主要操作技巧和关注点

1. 严格贯彻无菌原则

在手术物品的准备、手术人员和病人手术区域的准备、无菌操作规划等方面严格遵循无菌原则。

2. 避免损伤

严禁以锐利器械（如有齿镊、血管钳等）夹持输液导管（即体内置管部分），可徒手捏持、弯折或自制无损伤导管钳；缝合时务必注意避免缝针刺伤输液导管。

3. 颈内静脉穿刺点的选择

对于颈内静脉穿刺的选择，右颈内静脉略优于左侧，其穿刺并发症（气胸和损伤淋巴导管）的发生率较低。选择左颈内静脉，须根据不同的病患特征进行具体分析或术中情况决定。儿童患者的颈动脉三角区域中，颈内静脉位于胸锁乳突肌前缘，建议作为最佳穿刺点部位。该区域中颈内静脉走行的路径较短，术前超声定位查看颈内静脉位置及行超声引导穿刺可提高穿刺的准确性及成功率。经胸锁乳突肌区穿刺颈内静脉置管时，导管穿行于肌束间，术后肌肉收缩幅度过大会对导管产生牵扯或切割作用，造成导管移位或断裂。

4. 实时的心电监测状况

在深静脉穿刺、导丝置入和输液导管长度调整过程中，需要密切关注心律和心电图的变化情况。

5. 切口和囊袋的处理

根据临床实践观察，儿童胸壁浅筋膜软组织中的细小血管分布众多，须妥善止血，以避免术后血肿的发生。建议使用针式电刀以锐性分离的方法建立囊袋。针式电刀功率范围一般选取 10～15 W。尽量选用电切功能，减少术区脂肪液化的发生。配合小号甲状腺拉钩，使用带保护鞘的针式电刀在创建空间窄小的囊袋过程中可避免周围组织的热力灼伤。止血后无须囊袋内填塞纱布块压迫，避免纱布块碎屑遗落。

6. 皮下隧道的建立

使用隧道针从胸壁浅筋膜层逐渐潜行至颈部浅筋膜层，尽量避免颈部导管走行区过浅；必要时可退回隧道针重新选择路径。儿童输液港（型号为 4.5 F）的导管管径较细小，颈部穿刺点一般延长至 3～5 mm，在导管易行处即可获得满意的弧度。

7. 导管留置长度的调整

学者分析大量临床资料后得出结论，针对儿童，经右颈内静脉置管，穿刺点至上腔静脉与右心房的距离计算公式（单位：cm）为：身高（单位：cm）/10 - 1（身高不超过 100 cm），或身高（单位：cm）/10 - 2（身高超过 100 cm）。一般左颈内静脉置管较右侧置管深度增加 2～5 cm。建议测量左胸锁关节至右侧第一胸肋关节的连线的距离数值，将其作为参考。经右侧锁骨下静脉置管较右颈内静脉置管深度增加 3～5 cm。

8. 导管底座的固定

应用 2 号慕丝线铆定港座两边的侧孔于胸大肌筋膜层，能有效避免港座翻转和撕脱的风险。

9. 切口的关闭

使用 3 号可吸收线间断缝合囊袋两侧浅筋膜深层，使用 4 号可吸收线间断缝合浅筋膜脂肪层，使用 5 号快微乔线连续缝合皮下，组织胶水黏合皮肤。颈部小切口使用 5 号快微乔线间断缝合皮肤全层 1 针，用组织胶水黏合皮肤。缝合时，须用无损伤镊提起局部组织来确认已避开导管，以防被缝针刺伤。

10. 肝素的使用

为减少术中肝素的总用量，穿刺置管和进行导管的充盈、调试时建议使用浓度为 10 IU/mL 的肝素盐水。术毕脉冲式封管时才使用浓度为 100 IU/mL 的肝素盐水，肝素总用量一般可控制在 600～700 IU。未发现围手术期导管堵管的案例。

第五节　儿童静脉输液港植入术的护理要点

一、术前护理

（1）做好术前宣教，特别是做好患儿家长的宣教，因需要全麻手术植入。

（2）通过输液港宣传栏，介绍输液港的目的及优点。

（3）向家长简单地介绍手术步骤，发放《输液港健康教育手册》。

（4）安排与已植入输液港的患儿及其家长互相交流，提高未植入输液港的患儿及其家长的依从性。

（5）术前颈部穿刺点区域及胸部置港部位充分的皮肤清洁非常重要。

二、术中护理

（1）实施全麻后护理，严密观察生命体征变化。

（2）麻醉未清醒前，防止抓脱伤口敷料及输液港输液管路，应看护好患儿。

三、术后护理

（1）观察输液是否通畅，回抽是否见回血，颈部穿刺点及输液港切口的敷料有无渗血，港体上方局部是否有隆起、肿胀等，若有异常应及时处理。

（2）做好家长的出院宣教。①保持局部皮肤的清洁；②局部避免受外力碰撞；③向每位患儿的家长提供《输液港健康教育手册》，其内容包括家庭维护知识及注意事项，患儿的植入信息、资料及联系方式，方便患儿在外院就诊时使用；④做好非治疗期间输液港的维护，及时发现异常和预防并发症的发生；⑤做好家长宣教是静脉输液港能长期使用的重要保证。

（谭天宝）

第十章 静脉输液港取出术

第一节 静脉输液港取出时机

对于须长期输液或静脉化疗的患者，静脉置管是不可或缺的治疗通道。皮下置入式输液港是一种完全置入皮下、可供长时间留置体内的静脉装置，多放置于上肢静脉系统，适用于需要长时间反复静脉穿刺、化疗、肠外营养支持治疗及输血的患者。近年来，静脉输液港在国内的应用越来越广泛。基于并发症的风险，可以长期留置体内并不等同于应该永久留置。据统计，静脉输液港的并发症高达13.7%，长期留置输液港最常见的并发症为导管相关性感染和导管相关性血栓。为减少并发症的发生，在患者完成治疗后，应该考虑取出静脉输液港。但对于使用静脉输液港化疗的恶性肿瘤患者，需要综合考虑肿瘤复发的风险和继续留置输液港并发症的风险，复发高危患者可以在完成常规化疗后6个月再考虑拔除静脉输液港。但在治疗过程中，若出现港体外露、导管堵塞、局部感染等严重并发症，保守治疗无效者应该尽快拆除输液港。在治疗过程中可能出现输液管相关性静脉血栓，因上肢静脉血栓导致肺栓塞较下肢深静脉血栓发生率较低，引起严重症状性肺栓塞的风险较低，在继续留置导管情况下，血栓自发性脱落的风险也较低，故现有的指南均不推荐常规拔除导管。根据《输液导管相关静脉血栓形成防治中国专家共识（2020年版）》，若满足以下所有条件，则不建议拔除导管：远端导管尖端位置正确（位于上腔静脉与右心房的交界处）、导管功能正常（血液回流良好）、导管对患者是强制性的或至关重要的、没有发烧或任何感染性血栓性静脉炎的迹象或症状。对于导管相关的深静脉血栓患者，出于血栓稳定因素的考虑，建议在接受一段时间抗凝后再拔管。但对于需要拔管的血栓性浅静脉炎、无症状血栓及血栓性导管失功患者，由于血栓较小，无须行抗凝，直接拔管。

第二节 静脉输液港取出术适应证和禁忌证

一、适应证

（1）治疗已结束，无须继续保留输液港。
（2）不适宜继续保留输液港，如港体外露、导管堵塞、导管破裂或脱落、液体外渗至血管外。
（3）导管相关性静脉血栓形成，合并抗凝禁忌证，或在规范抗凝治疗下血栓发展。

（4）出现导管相关性感染，保守治疗无效。

二、禁忌证

（1）凝血功能障碍者。
（2）导管相关血栓形成后血栓容易脱落者。
（3）拒绝拔除输液港者。

第三节　静脉输液港取出术流程

一、术前评估与检查

1. 重要临床评估
（1）是否需要取出输液港。
（2）是否存在血栓性疾病及凝血功能异常。
（3）是否存在局部软组织因素影响切口愈合。若存在以上情况，术前须进行相关检查，排除影响因素后，设计合适的手术切口及选择合理的手术策略。
（4）须对恶性肿瘤患者进行复发风险的全面评估。

2. 重要实验室检查
（1）血常规。
（2）凝血功能。
（3）术前传染病相关检查。

3. 重要影像学检查
（1）常规行胸部X线检查，了解导管的走行及完整性。
（2）常规行血管B超检查，了解有无导管相关性血栓疾病。
（3）若有导管相关深静脉血栓形成，建议行增强CT检查，了解血栓部位、范围。若有可能，建议行静脉血管重建以全面评估血栓。

二、手术知情同意

（1）告知继续留置静脉输液港的风险。
（2）告知静脉输液港取出术的风险，如拔管困难、导管脱落、血栓脱落、气体栓塞、皮下血肿、切口感染等。
（3）告知日后肿瘤复发时有须再次置港的可能。
（4）确认患者知情并签署手术同意书后再行手术。

三、术前准备

1. 物品准备
清洁治疗室或手术室、手术包、常规局部麻醉药物（一般使用1%利多卡因）。

2. 患者准备

清洁皮肤，换上患者服（女性患者不可穿文胸），取下所有金属及饰品；患者戴手术帽，常取平卧位，头偏向对侧。

四、手术操作流程（以港体位于胸壁为例）

（1）患者去枕，平卧，显露输液港部位（图10-1）。常规消毒铺无菌巾。

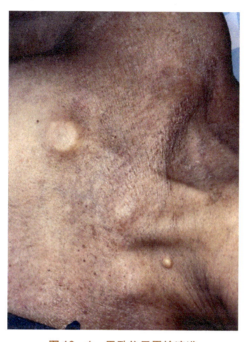

图10-1　平卧位显露输液港

（2）用1%利多卡因注射液行切口及底座区域的局部浸润麻醉，轻柔按压局部，帮助麻醉药物起效（图10-2）。

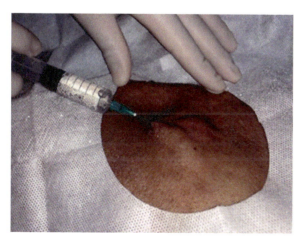

图10-2　局部浸润麻醉

(3) 先将底座上推至原切口下方,然后依次切开原切口的皮肤、皮下组织及包裹港体的纤维鞘(图10-3),暴露港体(图10-4)。自底座上方沿导管长轴剪开包裹导管锁的纤维鞘,显露导管锁及导管,将导管缓慢自血管内及皮下隧道取出(图10-5)。按压静脉穿刺处5 min,减少血管出血及防止空气进入血管。用巾钳提起港体(图10-6)、分离港体。固定孔处粘连的纤维包膜组织后移除港体、导管及附件,检查整套输液港装置是否完整(图10-7)。再次消毒创面并严密止血,缝合皮下组织和皮肤(图10-8),用无菌敷料覆盖手术切口。

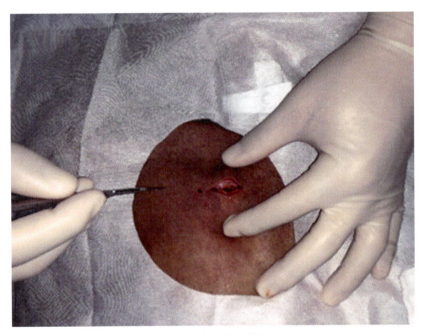

图10-3 切开原手术切口

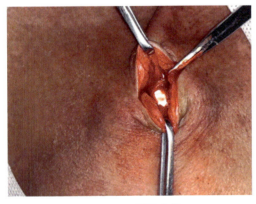

图10-4 暴露港体

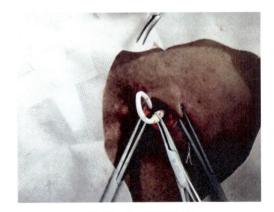

图10-5 取出导管

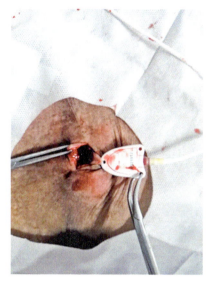 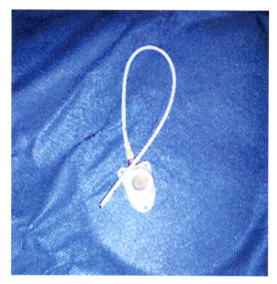

图 10-6　取出港体　　　　　　　　　图 10-7　检查输液港装置的完整性

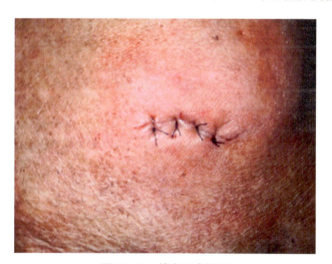

图 10-8　缝合手术切口

第四节　静脉输液港取出术的常见并发症

在输液港取出术中最严重的并发症是导管游离进入循环系统,既往报道导管脱落的发生率为 0.46%~1.80%,但在拆除过程中出现导管脱落尚无明确的数据。研究显示,在输液港取出的患者中,3% 的患者出现导管和底座的分离,且均是在港体和导管连接锁处出现的分离。因此,在处理连接处的纤维粘连时动作要轻柔,尽量将港体、导管及附件一并完整取出。取出后和缝合前,务必再次检查输液港及附件的完整性。术中一旦发现分离,须立即固定好并取出游离端,避免导管进入循环系统。在经腋静脉、颈内静脉及锁骨下静脉这 3 种途径的输液港中,导管脱落并游离进入循环系统的几乎只发生于经锁骨下静脉途径，这可能与夹闭综合征及导管在皮下走行过短有关。笔者见过的2例输液港取出时导管脱落并进入循环系统均发生在切口位于导管上方的经锁骨下静脉途径者：1例为切开原切口时不慎将导管切断，导管迅速脱落至循环系统；1例为拆除过程中导管与港体分离脱落。2例患者均须介入手术以取出血管内的导管。因此，笔者更倾向"先导管后底座"的策略，避免在游离港体时发生导管脱落这一严重并发症。

输液港取出困难少见，但可能因港体取出困难和导管拔除困难，让术者及患者难以接受。港体取出困难主要见于港体放置过深，患者皮下组织过多，或港体距皮肤切口过远。港体取出困难较为容易处理，通过扩大切口后取出的问题不大，难以处理的是导管拔管困难。拔管困难的常见原因包括导管机械性受压（常见于胸廓出口综合征，卡压导管）、血栓机化粘连、血管痉挛、导管打折或打结等，可结合既往病史、胸部X线或CT检查以了解原因。术者必须熟悉导管的置入方式、置管长度、导管允许弹性形变范围等，一旦发生拔管困难，应放弃即刻拔管，避免暴力拔管导致导管断裂。对于血管痉挛者，可应用血管解痉药物；对于胸廓出口综合征者，可通过改变体位和上抬术肢等方式拔除。允许适当增加额外力量来拔除导管。导管在弹性范围的形变可以帮助松解导管与血管壁周围组织的粘连，且反复多次使导管弹性形变的效果优于持续不断增加形变的单次尝试，增加导管拔除的概率。当多次尝试仍不能拔管或导管打结后强行拔除而导致血管壁撕裂、断管时，须请介入科或血管外科会诊协助处理，必要时介入取出导管，或手术切开来取出导管。

皮下血肿形成是输液港取出术的常见并发症。港体取出后原港体处将存在一间隙，导管隧道可能会有血液逆流回囊袋内或因手术切口止血不佳渗血至囊袋内形成血肿，严重者可导致感染。为减少皮下血肿形成，在取出导管后可按压导管隧道5 min，让导管隧道血栓形成闭合，同时，也可减少空气进入血管内的可能。另外，在缝合皮下组织时可以适当将囊袋前后壁缝合以消灭腔隙。切口缝合后使用弹力胶布进行伤口加压包扎也可以减少皮下血肿形成的概率。如果术后出现较大的血肿，可以考虑拆除切口缝线，清除血肿后再重新进行缝合。

第五节　静脉输液港取出术的策略及技巧

相对于中心静脉置管及PICC的简单拔除，输液港取出需要额外的手术过程且可能会对增加患者的不良影响。在取出过程中，应尽可能减少手术时间及并发症，提高手术效果。输液港的取出一般会采用经原植入术的切口进入并取出输液港，过程虽然简单，但手术效果仍受手术策略、原切口的位置、局部伤口的情况等因素的影响。手术策略分为先港体后导管法和先导管后港体法；原切口位置以导管和港体连接锁的上缘为界，分切口位于港体组和切口位于导管组。研究结果显示，如果切口位于港体上方，采用先港体后导管的策略可能会缩短手术时间；如果切口位于导管上方，采用先港体后导管和先导管后港体这两种策略均可。当切口位于港体上方时，取出术的时间及术后血肿的形成可能会减少，但在相同的切口前提下，不同手术策略的术后并发症并无差异。

良好的显露是顺利进行外科手术的前提条件，在患者两肩胛骨间垫一薄垫可以更好地显露胸前壁。输液港取出术的难度在一定程度上取决于置入手术时的操作，如置入深度、切口位置。原切口距港体过远必然增加取出手术的难度，因此，一般采取原切口行取出术。为了防止经原切口切断导管或切除过深导致肌肉出血，可以将港体上推至切口下方（切口位于导管组），经原切口切至港体表面，进入包裹港体的纤维鞘内，沿切口剪开纤维鞘充分显露港体上方的导管连接处。导管连接处纤维包裹比较严密，在该处平行导管长轴切开其表面的纤维组织，显露导管后先取出导管。垂直导管行长轴切开容易切断导管，导致导管脱落，平行导管长轴甚至切至导管腔内一般也不会出现导管脱落。万一不慎切断导管，当务之急是先固定导管。经颈内静脉置管因导管在皮下走行长且在颈内静脉穿刺处有一小弧度，断裂导管不容易滑落，可用手先将导管按压固定在锁骨上后再仔细寻找断端。经锁骨下静脉穿刺的导管在皮下走行短、位置深且几乎呈直线进入锁骨下静脉，指压导管困难，可用钳子将皮肤、皮下组织及导管一起钳夹固定后再仔细寻找断端。导管的完整取出是输液港取出术的关键所在。

第六节　静脉输液港取出术的护理要点

输液港取出术相对比较简单，但仍须加强护理。

（1）注意输液港拆除部位有无出现渗血。少量的渗血，可以通过压迫止血的办法进行止血。若渗血量比较多，则需要缝合止血。

（2）拆除输液港后须注意对切口部位定期换药。若切口的渗液量增多，则需要考虑切口感染的可能，要加强换药，并且给予抗感染治疗。

（3）若切口愈合良好，则可5～7天后拆线。

（4）若有血行感染，则须送导管末端及外周血行细菌培养，术后仍须继续使用敏感抗生素。

（5）若术前有导管相关性血栓疾病，则术后须在血管外科配合下合理使用抗凝药。

（王华摄）

第十一章 静脉输液港并发症临床个案分析

案例一 抗血管生成药物治疗后输液港切口裂开的处理

一、病历资料

男性患者,63 岁。诊断为右肺中分化腺癌并多发淋巴结转移。

患者于 2018 年 10 月开始使用贝伐单抗分子靶向治疗,每 21 天为 1 个周期,连续治疗。

二、输液港相关的资料

(一) 置港日期

于 2019 年 8 月 5 日行上臂输液港植入术。

(二) 输液港具体情况

术后第 14 天予输液港切口拆线,发现伤口愈合不佳,予部分拆线,保留 1 针线(图 11-1)。术后第 17 天,行培美曲塞 + 帕博利珠单抗 + 贝伐珠单抗治疗。术后第 18 天,予拆除最后 1 针线,切口外观愈合良好(图 11-2)。术后第 23 天,维护时发现切口敷料黏附绿色的痂,切口开裂,导管暴露,伤口边缘结痂(图 11-3)。术后第 25 天,切口开裂,导管暴露(图 11-4)。

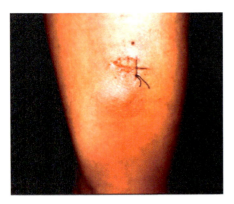

图 11-1 缝合手术切口

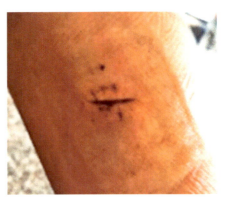

图 11-2 第 2 次拆线

第十一章　静脉输液港并发症临床个案分析

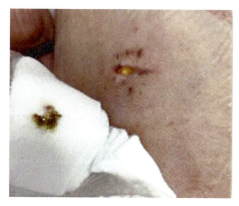

图 11-3　伤口边缘结痂

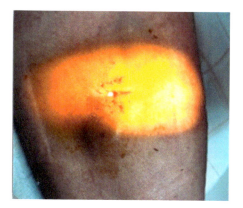

图 11-4　切口开裂、导管暴露

三、处理方法

（1）前期隔日换药，予碘附清洁伤口，予纱布块和 3 M 薄膜贴覆盖。

（2）术后第 23 天，切口敷料黏附绿色的痂，切口开裂，导管暴露，伤口边缘结痂。予咽拭子在切口表面及敷料绿色的痂处擦拭后进行细菌培养实验和药物敏感性。结果为无细菌生长。重新制订每天换药方案：①用碘附清洁伤口；②用碘附湿敷 15～30 min；③用生理盐水清洗；④予纱布块和 3M 薄膜贴覆盖。

（3）术后第 35 天，伤口痊愈（图 11-5）。

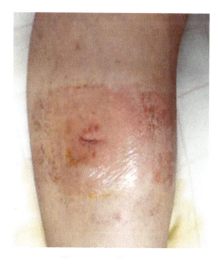

图 11-5　伤口痊愈

四、原因分析

（1）患者自 2018 年 10 月使用贝伐珠单抗分子靶向治疗，连续治疗 10 余次。于 2019 年 8 月置港后，在切口愈合良好后，继发切口裂开。贝伐珠单抗主要通过 3 个途径对肿瘤进行控制和治疗：①通过血管退化使存活血管趋于正常；②抑制血管上皮生长因子（vascular endothelial growth factor A，VEGF-A），控制再生血管；③降低存活肿瘤血管的通透性。伤口愈合的一个重要过程是新生血管形成。新生血管为损伤部位（尤其是受损的内皮细胞）提供足够的氧气、营养物质等，并在生长因子的相互作用下生长出毛细血管分支。在此过程中起关键作用的是 VEGF-A，它可调节正常及病理的血管生成。基于以上机制，贝伐珠单抗可造成伤口愈合不良，表现为伤口裂开、瘀斑、出血和伤口感染等。

（2）化疗药主要针对快生长细胞，对新生的肉芽组织有影响。肉芽组织是由新生薄壁的毛细血管及增生的成纤维细胞构成，并伴有炎性细胞浸润。

（3）将输液港埋置于真皮下的皮下组织内，真皮中含有成纤维细胞。成纤维细胞能产生胶原纤维、弹力纤维、网状纤维和基质，是皮肤组织深层损伤后主要的组织修复细胞。

（4）港体植入后，港体周围留有空隙，肉芽组织需要先填满空隙，然后向外生长，而贝伐珠单抗抑制血管内皮生长因子的生物学活性，影响肉芽组织生长，伤口愈合缓慢。

五、经验与体会

（1）患者在 2018 年 10 月开始第 1 次治疗，治疗开始前建议患者留置 PICC 导管或手臂型输液港，但是患者拒绝。直至 2019 年 7 月 26 日在外院行培美曲塞 800 mg 单药化疗+帕博利珠单抗 200 mg 免疫治疗，出现药物外渗及静脉炎，来我院后才同意留置上臂输液港。对于这类需要长期化疗的患者，应该一开始就说服患者留置合适输液通路，避免化疗途中出现外渗、静脉炎，破坏患者静脉，影响后期治疗。

（2）已使用抗血管生成药物治疗的患者，尽量在停药 2 周后行输液港置入术。置港后切口愈合再继续抗血管生成药物治疗，避免切口愈合不良。

（3）术者尽量减小损伤，做到小切口和小囊袋，缝合的时候注意皮内缝合，对皮整齐。

（龚文静）

案例二　儿童输液港植入术后切口愈合不良的处理

一、病历资料

男性患儿，11 岁，身高为 153.5 cm，体重为 53.1 kg。诊断为急性淋巴细胞白血病。

二、输液港相关资料

（一）置港日期

于 2018 年 10 月 15 日行锁骨下静脉输液港植入术。

（二）输液港具体情况

患儿于 2018 年 10 月 15 日入院。血常规检查结果提示白细胞计数 $108.5 \times 10^9 \text{ L}^{-1}$。

凝血功能计数提示：血浆纤维蛋白原质量浓度为 4.06 g/L，D - 二聚体质量浓度为 2.68 μg/mL，纤维蛋白原降解产物质量浓度为 9.8 μg/mL。当天给予局部麻醉下行锁骨下静脉输液港植入术，同时给予诱导化疗、口服泼尼松。术后患者口服头孢呋辛片 3 天。术后第 1 天、第 4 天常规更换透明敷料，消毒伤口，伤口无异常。术后第 7 天切口裂开（图 11 - 6），约为 1.0 cm×0.3 cm，未见港体，可见少量黄色脓液，无臭味，用棉签挤压无渗出液，周围皮肤无红肿热痛，患儿无发热等症状。血常规检查结果提示：白细胞计数为 $26.04\times10^9 L^{-1}$。当天继续给予长春地辛 + 吡柔比星化疗、口服地塞米松。术后第 9 天，给予培门冬酶化疗。术后第 10 天，给予环磷酰胺化疗，给予切口碘附湿敷，效果不佳（图 11 - 7），请造口治疗师换药处理。术后第 12 天，伤口仍未有愈合的趋势，行输液港清创缝合术。术后常规消毒，密切观察。11 月 14 日，切口基本愈合（图 11 - 8）。

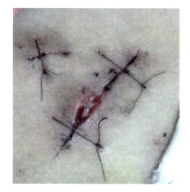
图 11 - 6　切口裂开

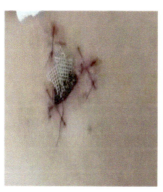
图 11 - 7　用碘附湿敷切口

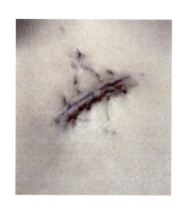
图 11 - 8　切口基本愈合

三、处理方法

（1）暂停使用输液港进行输液。
（2）每天消毒换药，使用碘附纱布块湿敷，密切观察伤口的情况。
（3）请伤口治疗师会诊，予敷料填塞伤口。
（4）在手术室行伤口清创缝合术。

四、原因分析

（1）可能器械分离皮囊，皮下脂肪发生变化。
（2）患儿偏肥胖，皮下脂肪厚，没有较好的血液循环，切开扩皮囊时血液供应受到障碍，脂肪组织出现变性坏死，出现脂肪液化。
（3）化疗后引起的纤维蛋白原含量低，导致伤口愈合时间延长。
（4）口服泼尼松、地塞米松可减轻和防止组织对炎症的反应。

五、经验与体会

（1）鉴别切口单纯性裂开、伤口脂肪液化、囊袋感染等各种切口愈合不良的类型，准确判断并采取相应的护理措施。

（2）口服糖皮质激素的患者受药物的影响更明显，虽然前期症状不明显，但进展速度快。

（3）当常规的碘附湿敷换药及敷料填塞效果不明显时，需要及早进行清创缝合术，以免加重情况，导致非计划性取港。

（辛明珠　蔡瑞卿　伍柳红）

案例三　抗血管生成药物治疗后输液港术后切口愈合延迟的处理

一、病历资料

男性患者，53 岁。诊断为直肠癌。

二、输液港相关资料

（一）置管日期

于 2018 年 8 月 31 日行锁骨下静脉输液港植入术。

（二）输液港具体情况

于术后次日行贝伐珠单抗 + FOLFOX 化疗。术后第 3 天，化疗结束，患者出院。指导患者每 2 天消毒、更换敷料。术后第 18 天，患者切口未完全愈合（图 11 - 9），有透明清亮液体渗出。切口正常愈合时间为 7 ～ 10 天，该患者切口愈合时间明显延长。经换药处理，术后 23 天，患者切口基本愈合（图 11 - 10）。

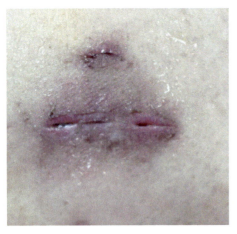

图 11-9　伤口未完全愈合

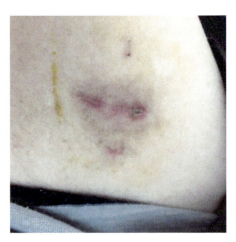

图 11-10　伤口基本愈合

三、处理方法

（1）予安尔碘每天消毒切口，在局部覆盖无菌方块纱布，保持敷料干洁。
（2）指导患者减少肩关节活动，避免牵拉伤切口。

四、原因分析

（1）贝伐珠单抗属于抗血管生成药物，会影响手术切口血管的生成。尽管该患者无糖尿病病史，营养状况良好，但术后早期使用此药，导致切口愈合受影响。
（2）切口周围无红肿热痛的表现，虽有渗液，属于清亮非脓性液体，排除切口感染的可能，只要保持切口清洁、避免感染、减少张力，可以自然愈合。

五、经验与体会

（1）与主诊医生分析影响该患者切口愈合的因素，请伤口治疗师会诊，并寻找干预措施。
（2）责任护士懂得评估患者切口情况，做出正确判断，以最经济有效的方法促进切口愈合。

（石思梅　辛明珠）

案例四　肥胖并糖尿病患者输液港切口裂开的处理

一、病例资料

女性患者，56 岁。诊断为左乳浸润性导管癌。于 2018 年 12 月 3 日在全身麻醉下行左乳癌保乳 + 腋窝淋巴结清扫术，术后拟行辅助化疗。入院检查时，体重指数为 25.5，血糖摩尔浓度为 6.39 mmol/L，血浆白蛋白质量浓度为 40.8 g/L。

二、输液港相关资料

（一）置港日期

于 2018 年 12 月 23 日行右侧颈内静脉穿刺胸壁输液港植入术。

（二）输液港具体情况

术后第 1 天，行表柔比星 + 环磷酰胺化疗。术后第 7 天评估，输液港港体周围轻微肿胀、触及波动感，未做特殊处理。术后第 22 天，行第 2 周期化疗。术后第 40 天，切口裂开，并有少黄色液体渗出，无发红、发热、疼痛等症状。

三、处理方法

（1）沿切口渗液区扩大皮肤切口，见有黄色液体溢出，取部分渗出液行细菌学检查，无细菌生长。

（2）彻底清除液化坏死组织，用生理盐水冲洗港体周围液化腔，并置胶片以引流。

（3）待无渗液并出现新生肉芽组织生长后，以丝线二期缝合切口，切口愈合。

四、原因分析

（1）患者因素。患者高龄，超重，合并有糖尿病、低蛋白血症。

（2）患者在输液港植入术后出现脂肪液化，切口愈合不良。

（3）囊袋制作时皮瓣厚度过厚，以电刀分离皮瓣，导致皮瓣血液供应不佳。

（4）排异反应。港体、导管材质或可吸收缝线材料与患者不相容，出现排异反应，影响切口愈合。本例于输液港植入术后近 40 天切口部分裂开，考虑使用可吸收线缝合切口，缝线吸收不佳，出现排异反应，导致切口不愈合。

（5）医源性因素。行化疗、局部放疗，组织愈合能力差，是导致切口愈合不良或延迟愈合的原因。

五、经验与体会

（1）改善患者一般状况，如控制血糖，纠正低蛋白血症状态等。

（2）规范手术操作。对于肥胖、皮下脂肪组织厚者，避免使用电刀，保留适当的皮瓣厚度；制作囊袋大小合适、止血彻底，确保输液港底座与皮肤切口有一定距离。依笔者的经验，2 cm 较适宜，既不导致底座影响切口愈合，又不会在制作囊袋下部时过深而不能发现可能存在的皮瓣下出血。

（3）合理安排诊疗操作，尽量在植入术切口愈合后再行化疗、放疗等影响切口愈合的诊疗操作。对于影响病情的治疗，在可控情况下可即时进行。

（4）选择组织相容性较好的港体材料、组织缝线等，避免发生排异反应。

（5）密切观察患者切口愈合情况。特别是对于具有体重超重，合并糖尿病、低蛋白血症，局部放疗或进行肿瘤化疗等影响切口愈合不良因素的患者，若发现切口肿胀、黄色渗液等临床表现，应提高警惕，尽早处理，以免继发感染，影响输液港使用，甚至需要取出输液港，增加患者的不适。

（李洪胜　韩国栋）

案例五　经锁骨下静脉输液港导管破损的处理

一、病历资料

男性患者，48岁。诊断为直肠癌。

二、输液港相关的资料

（一）置管日期

于2017年11月行锁骨下静脉输液港植入术。

（二）输液港具体情况

于2018年4月拟行化疗时，从输液港处推注生理盐水时通畅，回抽见血，但是患者诉胸部有酸胀感。立即停止推注，查看患者港座周围情况，无异常。护士与主诊医生沟通，探讨患者输液时症状和可能存在的问题，并结合患者的治疗方案，医生、护士、患者三方共同寻求最佳处理方式。

三、处理方法

（1）行输液港导管造影，结果显示导管破损；上肢静脉血管彩超结果显示无附壁血栓，取出输液港（图11-11和图11-12）。

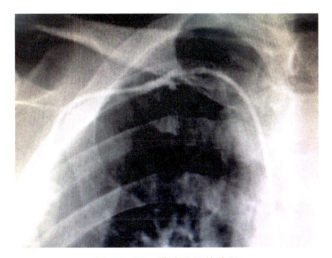
图11-11　输液港导管造影

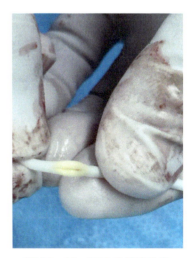
图11-12　取出破损输液港

（2）依据患者后续治疗方案及患者意愿，取出破损输液港后重新植入新输液港。

四、原因分析

（1）患者使用该静脉输液港约 5 个月，首次出现推注药水时胸部出现酸胀情况，疑似导管受损，属异常情况。

（2）进一步行造影检查，结果显示在锁骨及第一肋骨夹角处出现造影剂外溢情况，明确了导管破损。该位置是导管容易发生夹闭综合征的位置。

五、经验与体会

（1）维护与使用输液港时，护士不仅要观察导管通畅、回血及港座周围皮肤情况，还要重视患者的主诉，及时发现一切异常情况。

（2）若出现异常情况，专科护士主导的 MDT 团队应共同决策，采取有效的干预措施，避免严重不良事件发生。

（石思梅　辛明珠）

案例六　经颈内静脉输液港导管断裂的处理

一、病例资料

男性患者，61 岁。诊断为左上肺小细胞神经内分泌癌并纵隔淋巴结、右肺转移。治疗经过：行依托泊苷 + 顺铂化疗 6 周期，每 3 周 1 次；化疗后行左肺肿物及纵隔区放疗，DT 60 Gy/30 F。化疗结束后每月 1 次进行输液港门诊维护。

二、输液港相关资料

（一）置管日期

于 2015 年 12 月 26 日经右侧颈内静脉穿刺、右前胸壁植入输液港。

（二）输液港具体情况

术毕的胸片结果显示，导管尖端位置位于上腔静脉中下 1/3 处，输液顺畅。患者于 2016 年 8 月 25 日复查胸部 CT，结果提示右肺、锁骨上淋巴结增大，被建议再次进行化疗。于 2016 年 9 月 21 日拟经输液港化疗时，发现液体渗漏至颈部导管周围皮下，并主诉疼痛。考虑输液港渗漏，立即停止输液。急行胸部 X 线检查，见导管断裂（图 11 - 13），断口位于穿刺点导管穿入静脉系统处。

三、处理方法

（1）确定导管断裂及部位。立即行胸部 X 线正侧位检查，确定导管断裂，断裂部位位于穿刺点导管穿入静脉系统处，导管远断端位于管内上腔静脉区域内，部分进入右心房。

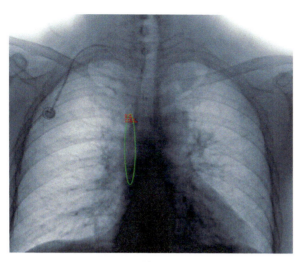

图 11-13　导管穿入静脉系统处

（2）患者无明显不适，经请放射科和血管介入科等医生会诊，决定行 DSA，取出血管内导管。

（3）安抚患者情绪。在局部麻醉下经右侧股静脉穿刺置入血管鞘，借助 DSA 进一步明确导管断端位于上腔静脉-右心房区域内，无明显血栓形成，导管断端无卡顿。以鹅颈抓捕器抓住导管断端，缓慢送至回收鞘内，经右侧股静脉成功取出。

（4）于原胸壁切口在局部麻醉下取出输液港底座及近端导管，与经右侧股静脉取出的远断端对比，检查导管连续性，确保导管完整取出。

四、原因分析

文献报道，植入式静脉港导管断裂发生率为 0.16%～2.30%，以锁骨下静脉穿刺为高。颈内静脉穿刺导管断裂按发生部位可分为输液座与导管连接处、皮下隧道部、静脉穿刺导管进入部、静脉血管内部。本例断裂部位位于右侧颈内静脉穿刺进入血管部，为颈内静脉植入输液港导管断裂较常见的部位。

（1）导管损伤。植入手术操作时用锐利器械（如有齿镊、血管钳等）夹持导管，导致损伤。

（2）导管路径经肌间组织。颈内静脉穿刺时导管进入静脉前穿行胸锁乳突肌间，患者长时间、大幅度地进行颈部运动，肌肉收缩对导管产生切割作用，造成导管断裂。

（3）导管进入颈内静脉时角度过小。患者手臂、颈部、肩部频繁的日常活动，导致导管角度反复改变，发生扭曲；导管维护时高压冲洗，冲击导管所形成的锐角，导致导管断裂。

（4）放射治疗。该例患者行放射治疗，放疗期间行胸部体模固定，可对导管产生一定压迫，导致导管损伤。

（5）其他原因。除此之外，其他部位导管断裂具体原因各异。例如，底座与导管连接部位断裂原因有：①导管与底座连接时强行锁扣，造成导管损伤；或底座凹槽与导管连接不自然，造成凹槽切割导管。②底座囊袋过小，与锁骨临近。底座锁扣与导管连接处位于锁骨下缘，长时间与锁骨发生摩擦，可使导管发生断裂。③底座置于胸大肌上。随肌肉运动，底座频繁活动而反复牵拉导管，导致导管断裂、脱落。

（6）皮下隧道处导管断裂可能与皮下隧道表层过浅、患者消瘦相关。导管表面缺乏足够的组织保护，在长时间外力（如患者频繁的颈、肩、上肢部位活动，斜挎背包等日常行为）下，造成导管慢性损伤，导致导管断裂。血管内导管断裂多与血管内静脉血栓形成致导管损伤相关。

五、经验与体会

导管断裂是植入式静脉港严重的并发症，虽然发生率不高，但一旦发生，可产生肺栓塞、心律失常等严重后果，因此，预防显得尤为重要。预防方法可从输液港植入操作、患者宣教、输液港维护及全程管理等几方面着手。

（一）手术操作

（1）避免用锐利器械（如有齿镊、血管钳等）夹持导管。手术操作宜轻柔，以免导管发生不可见损伤，在长时间外力作用下发生断裂。

（2）行颈内静脉穿刺时，穿刺点应选择在胸锁乳突肌下端分叉与锁骨形成的三角形区域内，针头自胸锁乳突肌锁骨束内后缘进入颈内静脉，避免穿刺路径经过肌束。

（3）向外侧充分分离穿刺点周围皮下组织，使隧道针自切口外侧缘穿出皮下组织连接导管时，导管走行能呈现一定弧度，避免导管进入颈内静脉角度过小。

（4）做皮下隧道时，隧道针在皮下脂肪层走行，使导管表层有足够组织覆盖。

（5）导管与底座锁扣时，采用无创钳或徒手操作，保持导管腔与注射座导管接口对接自然，避免切割导管；导管与底座延长部分凹槽连接保留少许距离，不可越过凹槽部位直接连至底座，以免锁扣卡死后会导致锁扣挤压导管，导致断裂。

（二）患者宣教

嘱患者减少植入侧肢体的外展、上举运动，减少颈、肩部的负重，避免术侧斜挎背包；避免剧烈咳嗽、外力损伤。

（三）导管维护

定期维护导管，保持导管通畅；询问患者有无导管相关不适；维护时避免高压冲洗导管导致导管内压力过大；注意是否回血，冲洗导管时是否有阻力。

（四）全程管理

导管取出后，查看患者于2018年8月25日拍摄的胸部CT，发现导管已经断裂，断端位于右心房内（图11-14）。该案例提示，嘱患者在定期行超声、X线检查或CT时，应查看导管是否正常。若发现异常，应及时与医生联系，做到及时发现导管断裂的危险因素，早预防。若发生导管断裂，应尽早处理，保证患者安全。

五、经验与体会

（1）静脉输液港无症状血栓发生率高，本中心统计了 419 例，无症状血栓发生率 24.6%，与国外学者的研究结果相同。也有研究表示植入术后 1 个月内发生率最高。建议术后第 7 天、第 21 天行血管彩色 B 超筛查。

（2）及时随访跟踪输液港术后患者的彩色 B 超结果。

（3）及早发现无症状血栓，及早治疗，减少相关并发症的发生。

（4）研究结果显示，常规的预防性使用抗凝治疗并不能减少血栓形成的概率，因此，不推荐预防性常规抗凝。

（5）规范的导管护理流程、肢体的早期运动等措施可有效地预防血栓的形成。

（辛明珠　蔡瑞卿　伍柳红）

案例八　输液港导管相关性静脉血栓的处理

一、病例资料

男性患者，56 岁。诊断为：①颈段食管鳞癌双肺转移；②双肺感染。行颈、胸部 CT 检查，结果显示颈段食管有肿物，双肺斑片影，病理活检食管鳞癌。进行痰培养日沟维肠杆菌，D-二聚体质量浓度为 1.07 mg/L。

二、输液港相关资料

（一）置管日期

于 2018 年 2 月 27 日行右侧颈内静脉穿刺置管、胸壁输液港植入术。

（二）输液港具体情况

术后予敏感抗生素抗感染、营养支持治疗，并行胃造瘘术。一般情况改善后行多西他赛+奈达铂+氟尿苷化疗 6 周期。进行疗效评价，得知肿瘤完全缓解，拟取出输液港。术前彩色超声检查示右侧颈内静脉血栓形成（图 11-17），进行抗凝治疗后再行输液港取出。

三、处理方法

（1）进行抗凝、溶栓治疗。住院期间使用低分子肝素及口服华法林进行抗凝治疗。

（2）监测活化凝血酶时间和国际标准化比值等凝血指标。

（3）进行血管超声动态监测，观察血栓变化。稳定后予口服利伐沙班维持 3 个月，复查时血栓消失。

（4）取出输液港，过程顺利。

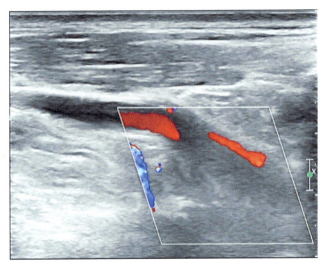

图 11-17　右侧颈内静脉血栓形成

四、原因分析

（1）对于长期深静脉置管患者，文献报道血栓发生率为 2.21%～58.90%，左侧颈内静脉穿刺者高于右侧者，多为无症状附壁血栓。

（2）血栓形成的危险因素与患者一般状况和医源性因素有关。对于高龄、长期卧床、恶性肿瘤患者，既往合并的血液病、感染、中心静脉置管病史、置管区域放疗、上腔静脉压迫是血栓形成的危险因素。

（3）本例患者患有晚期恶性肿瘤，合并肺部感染，入院时一般情况较差，D-二聚体质量浓度高，为高凝状态。经输液港行静脉营养及化疗均为血栓形成的高危因素。治疗结束后检查发现附壁血栓，无明显症状。

五、经验与体会

对于植入术输液港相关并发症，预防远重于治疗。血栓形成虽然多为无症状性，但对于有症状血栓，患者可能有局部肿胀、疼痛、活动受限等不适；严重者血管完全阻塞，血液回流障碍，导致回流静脉区域肢体功能受损；血栓脱落可致肺栓塞等，危及患者生命安全。预防措施如下。

（一）危险因素去除

控制合并的感染，纠正血液高凝状态，指导患者进行适当的活动，控制肿瘤，解除上腔静脉压迫，预防深静脉血栓形成。

（二）规范手术操作

（1）选择合适患者的血管进行穿刺，选择血管管径粗、血管走行直的血管穿刺，右侧颈内静脉优选于左侧颈内静脉。

（2）选择合适的导管管径，保持合适的血管与导管的内径比，确保留置导管区域血流通畅。

(3) 穿刺操作要轻柔、熟练，避免反复穿刺、粗暴置管，以免损伤血管内膜，必要时借助超声引导静脉穿刺，保证穿刺成功率。

(4) 确保导管末端位于上腔静脉中下 1/3 区域内，此处血管管径粗、血流速度快，不易形成涡流而致血栓形成。操作前测量患者身高、穿刺点到预想导管末端位置距离，以确定置入血管内导管的长度。术中可借助血管腔内心电图、DSA 引导，保证导管末端位于上腔静脉中下 1/3 区域内；术毕及时拍摄胸部 X 线片，了解导管走行及末端位置。若发现导管异位，及时调整。

(三) 规范导管使用及维护

经导管输注化疗、高渗药物等易致血管内膜损伤的药物后，要用足量的生理盐水、肝素冲洗管道，预防静脉炎的发生。指导患者按时、专业地进行导管维护。

(四) 尽早发现血栓

(1) 一旦患者出现局部肿胀、疼痛、活动受限等症状，要考虑血栓形成的可能性。

(2) 进一步进行血 D-二聚体检查、血管超声及血管造影等检查，以证实血栓形成，做到早期发现、及时处理。

(3) 对于早期血栓形成，可行抗凝溶栓治疗，临床上常用低分子肝素进行抗凝治疗，可同时口服华法林。抗凝治疗过程中注意监测活化凝血酶时间和国际标准化比值等凝血指标，规避患者出血风险。对于抗凝治疗疗效不满意或早期血栓，可加用尿激酶等进行溶栓治疗，多数血栓可得到有效控制。

(4) 对于抗凝、溶栓治疗效果不佳者，可考虑碎栓消融、支架成形术等血管内治疗。在进行上述治疗之前应该在血栓近心端放置血管滤器，以防血栓脱落而引发肺栓塞。

（李洪胜　韩国栋）

案例九　输液港植入术后 2 年余港体周围感染的处理

一、病历资料

患者男性，50 岁。诊断为肺腺癌。治疗经过为：2016 年 9 月，患者经输液港行培美曲塞 + 贝伐珠单抗 + 顺铂化疗 6 个疗程后，被给予贝伐珠单抗持续治疗。2018 年 11 月 15 日，复查结果显示肺癌复发，再次予培美曲塞 + 贝伐珠单抗 + 抗 PD-1 单抗可瑞达，进行免疫联合治疗。

二、输液港相关资料

(一) 置管日期

于 2016 年 8 月 29 日，行锁骨下静脉输液港植入术。

(二) 输液港具体情况

2018年11月27日,患者的囊袋切口缝合处有线头露出,港体周围红肿、轻度疼痛,皮温高,无破溃,无渗出。当地医院予安尔碘皮肤消毒剂消毒缝线外露处皮肤。3天后,港体周围红肿加剧,切口处破溃,渗脓性分泌物,破溃处肉芽水肿伴潜行窦道,深约8 cm,主诉中度疼痛(图11-18)。

三、处理方法

(1) 给予0.5%聚维酮碘消毒剂,消毒港周及缝线处破溃伤口。

(2) 用注射器头皮针管抽吸生理盐水+0.5%甲硝唑注射液以冲洗潜行伤口,探及伤口潜行深度。

(3) 将德湿银敷料剪成条状,填塞潜行伤口,引流潜行伤口分泌物以抗感染(图11-19)。将美盐敷料填塞于肉芽水肿伤口,作为高渗盐可吸收大量渗液以减轻肉芽水肿。最后用泡沫敷料包扎。

(4) 视渗液情况而定伤口换药天数,一般每24~48 h更换1次敷料。

(5) 经2周时间的换药处理,感染控制,皮肤愈合状况良好(图11-20)。

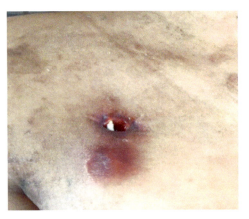

图11-18 港体周围局部感染

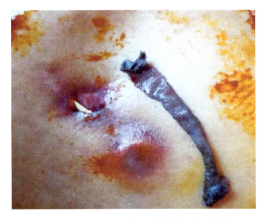

图11-19 窦道内取出的德湿银敷料

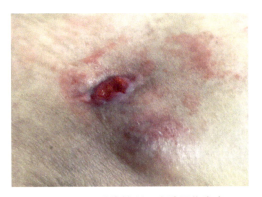

图11-20 感染控制,皮肤即将愈合

四、原因分析

（1）在进行输液港穿刺时，若未严格执行无菌操作，则可导致局部感染。
（2）患者长期使用的贝伐珠单抗为抑制新生血管生成的药物，可延迟伤口愈合。
（3）肿瘤患者化疗后免疫功能低下，骨髓抑制，白细胞降低。
（4）患者手术时皮下缝合的线头逐渐露出体表皮肤，该线头有可能是导致后期出现港周伤口深部感染与窦道形成的原因之一。

五、经验与体会

（1）输液港港体周围局部感染时，应停止使用，避免港体内出现相关血流感染。
（2）用注射器抽吸生理盐水+0.5%甲硝唑溶液，反复冲洗窦道，可有效控制感染，帮助清除窦道内分泌物。
（3）引流潜行窦道伤口脓性分泌物，有效清除坏死组织，减轻深部组织感染与港周异物的排斥反应。
（4）引流潜行窦道伤口脓性分泌物，有效清除坏死组织减轻深部组织，感染与港周异物的排斥反应。
（5）在伤口边缘肉芽组织水肿应用高渗盐敷料、可吸收渗液，减轻肉芽组织水肿，使正常肉芽组织上皮化。
（6）用泡沫敷料包扎伤口可直观地观察伤口渗出情况，有效吸收渗液，防止伤口周围皮肤浸渍，保护伤口周围皮肤。
（7）冲洗窦道及更换敷料过程中应严格执行无菌操作。伤口位置周边有静脉管道，冲洗窦道及填塞敷料时动作宜轻柔，勿损伤港体及连接管。
（8）观察港体及港周皮肤有无红、肿、热、痛等情况。

（郭丹娜　胡丽娟）

案例十　输液港切口处裂开伴感染的处理

一、病历资料

男性患者，39岁。诊断为鼻咽癌。

二、输液港相关资料

（一）置管日期

2019年10月21日。

（二）输液港具体情况

患者于2019年10月21日在左上臂留置静脉输液港，臂围26 cm。10月22日，行白蛋白结合型紫杉醇+PD1 单抗联合治疗。10 月 27 日，留置输液港处伤口拆线，伤口愈合良好，港体皮肤可见 3 cm×3 cm 发红区域（是否拆线时就有感染的迹象），臂围 26.5 cm（图 11-21）。10 月 30 日，患者返院复查。港体切口缝线处伤口裂开，镊子探及的深度约为 3 cm，有黄色浑浊样分泌物渗出，有刺鼻臭味。置港侧肢体肿胀，港体周围红肿伴疼痛，疼痛 NRS 评分 6 分，皮温高，臂围 28 cm。血管 B 超检测结果提示未见血栓，血常规检测结果正常。

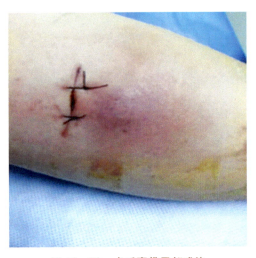

图 11-21　术后囊袋局部感染

（三）处理方法

（1）用 0.5% 聚维酮碘消毒剂消毒切口裂开处破溃皮肤及港周。

（2）由港体底部及伤口四周向破溃处挤出伤口内脓性分泌物。

（3）用 20 mL 注射器抽取生理盐水注射液后，将注射器连接头皮针管（剪去针头），充分冲洗裂开处伤口的内分泌物。

（4）将含银油纱条剪成条状，填塞伤口（图 11-22），并作为引流伤口内分泌物的引流条进行低位引流并抗感染，注意填塞敷料时不宜过紧。外面覆盖纱布。视渗液情况而定伤口换药天数，每 24～48 h 更换敷料 1 次。

（四）愈合情况

共换药 6 次，15 天后伤口愈合（图 11-23）。

四、原因分析

（1）患者对输液港植入术后的维护知识掌握不够，没有遵照医嘱，在输液港伤口拆线后当天沐浴时未及时保护好拆线伤口的皮肤，这也是导致伤口感染的因素之一。

（2）化疗后食欲减退，营养未跟上，导致愈合缓慢。

（3）早期港体处出现皮肤红肿时未予以及时干预，持续感染导致缝线处伤口裂开，感染加重。

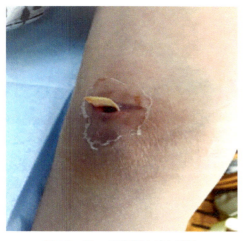
图11-22 用含银油纱条引流

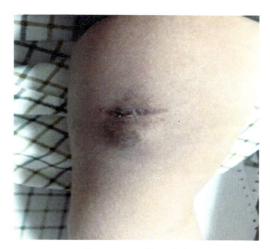
图11-23 伤口愈合

五、经验与体会

（1）拆线时，若出现港周皮肤红肿，怀疑有局部感染时，应及时干预。给予延迟拆线、局部红外线照射、聚维酮碘湿敷等措施，必要时给予抗生素。

（2）对于比较深或者有潜行的伤口，以及棉球或者纱布不易于清除的深部伤口，建议用注射器连接细长导管后再进行伤口的充分冲洗。

（3）冲洗伤口时严格执行无菌操作，伤口位置周边有静脉管道，冲洗及填塞敷料时动作轻柔，勿损伤港体及连接管，避免港体内出现相关血流感染，并停止使用输液港。观察港体及港周皮肤有无红、肿、热、痛等情况，体温是否正常。

（4）含银离子油纱具备不粘创面，吸湿性、吸臭性、顺应性强的特点。将它制成引流条填塞于创面有利于伤口的充分低位引流，可以抗感染。而且引流条易于取出，避免伤口内的残留。

（5）伤口外层敷料的选择取决于伤口渗出液的量。渗出液多的时候可选择泡沫敷料。泡沫下脚料吸收渗液多，避免伤口周围皮肤浸渍。若渗液量少，可选择纱布覆盖，一般每24～48 h换药1次。

（郭丹娜　胡丽娟）

案例十一　输液港导管相关性感染的处理

一、病历资料

男性患儿，1岁5个月。诊断为神经母细胞瘤。

二、输液港相关资料

（一）置港日期

于 2018 年 3 月 28 日在全身麻醉下行静脉输液港植入术。

（二）输液港具体情况

患儿术后正常使用 3 个月余。2018 年 7 月 13 日 10：10，使用输液港进行输液治疗，药物为顺铂。10：45，患儿哭闹，出现寒战、高热、口唇发绀，血氧饱和度为 95%。立即停止输液。医生查看后，推测为化疗药物导致的超敏反应或输液反应，予抽取外周血培养及对症处理。7 月 13—15 日，未进行输液治疗，患儿无发热等不适症状。16 日，检验科回报的血液培养结果显示为鲍曼不动杆菌感染。7 月 16 日 10：35，予输液港处行头孢菌素类抗生素静注并封管。10：57，患儿再次出现寒战、高热。根据临床经验，疑似输液港感染，立即停止补液。同时，于外周血管及输液港处抽取血液来培养。7 月 19 日，血液培养结果提示鲍曼不动杆菌感染。7 月 16—19 日，暂停使用输液港，改用外周静脉来使用治疗。同时，每天 3 次进行抗生素输液港封管，每次间隔 8 h。操作方法为：首先从港内抽出血液 2 mL，丢弃；然后用生理盐水 10 mL 冲管；最后给予万古霉素（2 000 mg/L）5 mL 正压封管。7 月 19 日上午，药物敏感性试验报告出来后，由于拉氧头孢属于敏感抗生素，因此重新使用输液港静脉滴注拉氧头孢；封管液停用万古霉素，也改用拉氧头孢。7 月 21 日，再次从输液港处抽取血液来培养，结果显示无细菌感染。患儿于 7 月 16 日首次使用输液港输液时出现高热，对症处理体温降至正常。之后未再出现体温升高。

三、处理方法

（1）暂停使用输液港进行输液。

（2）同时在静脉输液港处及外周血抽取血液来培养，判断是否是导管相关性血流感染。

（3）血培养结果未出时，经验性使用万古霉素进行导管处理。

（4）结合患者病情判断是否需要合用抗生素。

（5）血培养结果出来后参考药物敏感性结果，使用敏感抗生素（如拉氧头孢）经输液港静脉滴注及封管。

（6）复查血培养结果。

四、原因分析

（1）患者接受肿瘤切除术致机体重大创伤，机体抵御细菌的天然屏障遭破坏，导致机体体液及细胞免疫暂时性受抑制。分泌白细胞介素 -6 功能恢复缓慢，易使机体发生感染。

（2）患儿需要长期化疗，导管相关性感染风险高。

（3）治疗间歇期，家属注意输液港周围皮肤的清洁。

五、经验与体会

（1）鉴别药物超敏反应、输液反应及输液港感染，做出准确判断并及时采取相应措施。

（2）输液后 30 min 内出现寒战、高热等症状，应高度怀疑输液港相关导管感染。

（3）在外周血管及在输液港处抽取血培养 2 份，若菌落数不小于 5∶1，或导管内细菌出现阳性的时间比外周的早 2 h 以上且与培养菌一致的，即确诊为输液港感染。

（4）4 个最常见的病原体是凝固酶阴性葡萄球菌、金黄色葡萄球菌、白色念珠菌和肠革兰氏阴性杆菌。一般在血液培养结果出来前，推荐使用万古霉素以进行经验性治疗。当明确引起感染的病原体时，根据抗菌药物敏感性选择用药。

（5）根据患者的基础疾病、病情、感染严重程度等判断是否应经验性地联合应用抗生素。

（6）若合并全身炎症反应综合征、合并严重疾病或港座部位脓肿，感染控制不住、感染反复出现，建议取港。

（7）使用及维护输液港时应严格执行无菌操作，避免在不具备输液港标准护理条件的医疗机构使用输液港。

（辛明珠　蔡瑞卿　伍柳红）

案例十二　植入式输液港外露的处理

一、病例资料

女性患者，29 岁。诊断为右侧乳腺浸润性导管癌。

二、输液港相关资料

（一）置管日期

于 2015 年 5 月 5 日左侧颈内静脉穿刺、胸壁植入输液港。

（二）输液港具体情况

术后经输液港行表柔比星 + 环磷酰胺辅助化疗 4 个周期。化疗后出现骨髓抑制，予以骨髓刺激治疗后恢复。拟行第 5 周期化疗前输液港表面皮肤破溃，输液港外露（图 11 - 24），并有局部疼痛、少量黄色分泌物，无发热，考虑继发囊袋感染。

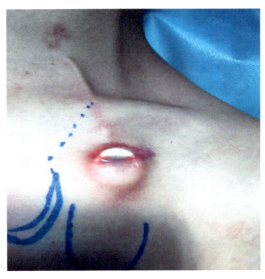

图 11-24 底座外露

三、处理方法

（1）评估囊袋局部红、肿，皮温高，并有触痛。

（2）取感染部位分泌物进行细菌培养，清除分泌物，进行局部消毒，每天更换贴膜。

（3）待局部炎症控制后，于原囊袋内侧 2 cm 处另做囊袋（图 11-25），将输液港底座移至新囊袋。对原感染囊袋破损皮肤进行修整，一期缝合，输液港保留至治疗完成后取出。

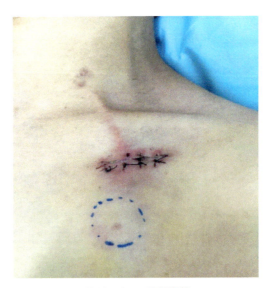

图 11-25 另做囊袋

四、原因分析

(1) 患者较以前消瘦致使皮下脂肪减少，港体长期支撑皮肤，导致皮肤破损。
(2) 患者港体部位过度摩擦导致皮肤破损。
(3) 植入操作及使用维护过程中执行无菌技术。
(4) 输液港使用频繁、使用时间长。

五、经验与体会

(1) 根据患者的预期治疗周期，选用合适材质的输液港。对于预期使用时间较长的患者，如晚期肿瘤姑息化疗者，选择聚氨酯材质导管可能受益更大。对于治疗周期较短的患者，如肿瘤术后辅助化疗者，选择硅胶导管可能更合适。
(2) 治疗患者的合并疾病，改善患者一般状况，增加营养，控制血糖等。
(3) 熟练操作技术，严格无菌操作。
(4) 对于消瘦患者，尽量保留足够厚度皮瓣，囊袋可稍大，以减少输液港底座与皮肤摩擦，避免皮肤破损继发感染。
(5) 日常使用维护时注意手卫生，插针前评估局部皮肤状况，对局部皮肤的消毒贴膜、肝素帽、针头的更换和接口处消毒都应注意无菌原则，以减少感染的发生。

（李洪胜　韩国栋）

案例十三　输液港港座皮肤感染的处理

一、病历资料

男性患者，72岁。诊断为直肠癌。

二、输液港相关资料

（一）置管日期

于2018年5月9日植入静脉输液港。

（二）输液港具体情况

植入静脉输液港术后第2天行贝伐朱单抗＋FOLFOX化疗1个疗程。于2018年8月1日返院，拟行第三程化疗。护士发现该患者输液港港座周围皮肤发红，无渗液，无肿胀疼痛感。责任护士完全按规范操作，输液过程顺利，未出现药物外渗情况。

三、处理方法

(1) 与手术医生共同评估患者输液港港座情况，诊断为囊袋炎症反应（图11-26）。
(2) 在异常皮肤附近，重新做输液港囊袋（图11-27），放置港座，按常规护理伤口。

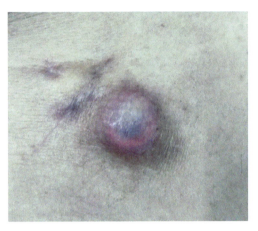

图11-26 囊袋异常炎症反应

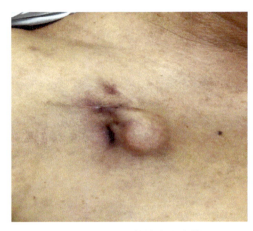

图11-27 重做输液港囊袋

四、原因分析

（1）可能与患者使用靶向药物相关。

（2）港座周围皮肤非感染性地发红也可能与输液港埋入皮下深度有关。输液港埋入太浅，局部张力高，影响局部皮肤血液运行，导致港座周围皮肤出现非炎症性感染症状。

五、经验与体会

（1）根据积累的临床经验，全面、正确地判断输液港情况。

（2）结合患者后续治疗情况，与手术医生、患者沟通，寻求最佳对策。

（3）及时干预，保留导管，将损失降到最低，为顺利完成治疗提供保障。

（石思梅　辛明珠）

案例十四　植入式输液港导管入永存左上腔静脉的处理

一、病例资料

女性患者，61岁。诊断为宫颈癌。

二、输液港相关资料

（一）置港日期

于2018年10月行左侧颈内静脉穿刺置管、右前胸壁植入输液港。

（二）输液港具体情况

建立长期输液通路化疗，行输液港置入。术中超声检查结果显示右侧颈内静脉管径较小，充盈不佳。选择左颈内静脉入路来置入导管。穿刺过程顺利，置入导丝欠顺畅。

经调整手法轻柔置入导管后，回抽血流较缓慢，血色暗红，推入血液及注射生理盐水无明显阻力，患者无胸痛、心悸等不适。术后拍摄胸部 X 线片，发现导管位于左纵隔内（图 11-28），未见胸腔及心包积液征象。

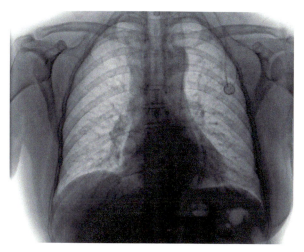

图 11-28　导管位于左纵隔内

三、处理方法

导管位于左纵隔内，疑进入胸廓内静脉等左侧分支静脉，不排除误入动脉或纵隔内，当日急行血管造影（图 11-29）。经输液港注射造影剂显示永存左上腔静脉，血流经左侧颈内静脉后经左上腔静脉、冠状静脉窦汇入右心房。经输液港试输液，滴速达 5 mL/min。输液顺畅，患者未诉有胸闷、胸痛、心悸、气促等不适。进行心电监护时未见心律失常，决定保留输液港。

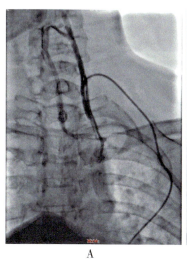 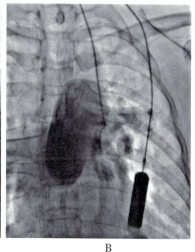

A　　　　　　　　　B

A、B：不同视野下。

图 11-29　血管造影

四、原因分析

（1）永存左上腔静脉是在胚胎发育过程中，左前主动脉未退化或退化不全，导致左 Cuvier 管增粗形成，多与先天性心脏病合并存在，在正常人群中单独存在的发生率仅为 0.3%～0.5%。

（2）单纯永存左上腔静脉血液回流途径以经冠状静脉窦汇入右心房多见，患者无血液分流等血流动力学改变，因此，多无明显临床症状，多在行上腔静脉的侵入性操作（如中心静脉置管、留置心脏起搏器、心导管检查过程）中被触发。

（3）在明确永存左上腔静脉畸形前，常规行胸部 X 线检查以评估导管位置时会误认为导管进入左侧分支静脉、动脉、心包、胸腔或纵隔内。

五、经验与体会

永存左上腔静脉发生率低，置港前未确诊血管变异的存在，术后常规胸部 X 线检查评估导管位置时发现导管位于左纵隔内，要考虑永存左上腔静脉的可能。进一步确认可通过以下几种方法。

（1）超声心动图。行心脏超声检查时发现冠状静脉窦扩张，多可循扩张的冠状静脉窦发现左上腔静脉，但对无合并冠状静脉窦扩张的类型容易漏诊。作为临床筛查手段，超声检查操作简便、无创，可同时发现合并存在的心脏畸形。

（2）CT 扫描 + CTA。左上腔静脉在 CT 影像表现为主动脉弓左侧异常血管影，血管强化、连续，多伴有冠状静脉窦增粗（图 11 - 30）；采用 CTA 进行三维重建可进一步显示左上腔静脉的属支、连接及进入心脏的类型。

（3）DSA。经输液港注射造影剂进行 DSA，可了解左上腔静脉的走行、汇入部位、导管末端位置及血流量等详细信息，这是诊断永存左上腔静脉的金标准。

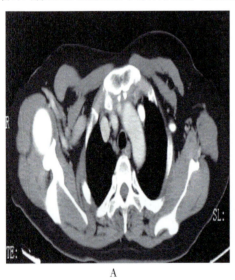
A

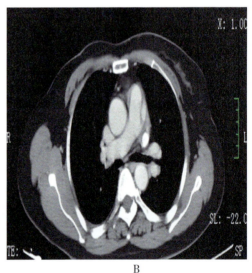
B

A、B：不同截面。

图 11-30　左上腔静脉在 CT 影像

（4）永存左上腔静脉畸形并非植入式输液港经左侧静脉系统（如左颈内静脉、左锁骨下静脉等）置港禁忌，但置港相关并发症及置管失败风险增加。术前行超声心动图检查，以提早发现血管畸形存在。选择其他部位静脉穿刺置管，以规避可能由此造成的血管损伤、手术失败的风险。

（5）当诊断永存左上腔静脉畸形而其他部位静脉穿刺存在选择禁忌时，选择经永存左上腔静脉置管需要满足的条件如下。

A. 永存左上腔静脉为单独存在畸形，且经冠状窦汇入右心房，无合并心脏畸形。

B. 确保导管尖端位于冠状静脉窦右心房处，该位置血流量充足，以保障输液通畅及避免冠状窦血栓形成。

C. 经永存左上腔静脉置管及输液过程中，进行心电监护，观察患者有无心悸、胸痛及心律失常等表现。置港操作过程中，动作轻柔，切忌暴力操作。送导丝时若遇到阻力，须通过手感仔细感知导丝走行，避免血管损伤等严重并发症发生。

D. 有条件者建议在 DSA 引导下进行穿刺置管，术中直视导管走行，确保导管位置理想，避免损伤血管。

E. 操作过程中及时与患者沟通，了解有无心悸、胸痛等不适，严密监测心电变化。

F. 术后导管使用过程中，适当限制输液速度，避免输液速度过快或流量过大易刺激迷走神经，诱发心律失常。

（李洪胜　韩国栋）

案例十五　输液港输液过程中无损伤针头移位的处理

一、病例资料

女性患者，49 岁。诊断为鼻咽未分化型角化性癌。

二、输液港相关资料

（一）置管日期

于 2019 年 4 月 18 日在局部麻醉下经右侧颈内静脉置管、右前胸壁植入输液港。

（二）输液港具体情况

术后行紫杉醇+顺铂化疗。于 2019 年 5 月 10 日行第 2 周期化疗。输注 5% 葡萄糖氯化钠注射液+维生素 B_6+维生素 C 约 400 mL 时，患者诉右前胸壁胀痛，输液速度缓慢。查体示右侧锁骨下区、乳腺区皮下肿胀，立即停止输液，经输液港针头回抽有少量血性液体入注射器（图 11-31）。超声检查结果显示皮下组织水肿，附导管少量微小光斑。考虑输液港堵塞、渗漏。

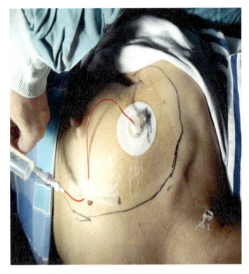

图 11-31 经输液港针头回抽

三、处理方法

（1）急行胸部 X 线检查，结果显示输液管走行自然，与输液港底座连接正常，输液座无翻转，输液针头偏于底座一侧。考虑输液针头插置不当，偏离输液港底座（图 11-32）。

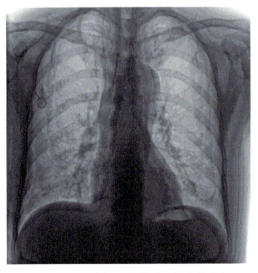

图 11-32 胸部 X 线片显示输液管走行

（2）拔除原输液针头，确认底座位置。两指固定于底座中央，重新插入输液针头。回抽血液通畅，推注氯化钠溶液顺畅。确认针头位于输液槽内，妥善固定。

（3）在输液港周围皮下渗液区以硫酸镁湿敷，促进渗液吸收。暂停经输液港输液，另行留置针化疗。

四、原因分析

（1）导管堵塞的主要表现是输液不畅或输液后渗漏，回抽无回血。根据堵塞原因可分为外在型堵塞和导管内堵塞。外在型堵塞主要包括导管末端贴壁、导管扭曲、导管受压及输液针头插置不当；导管内堵塞主要为导管内纤维蛋白鞘、血栓形成及其他物质堵塞导管。

（2）本例发生渗漏及输液不畅后，回抽有少量"血性液体"抽出，误以为是血液，从而认为输液针头位于输液槽内。考虑渗漏原因可能为导管脱落、破裂，输液座隔膜损伤致液体渗漏等。

（3）行胸部X线检查，证实输液针头脱离输液槽，分析原因可能因插置针头时针头插入较浅、偏于输液座一侧，固定不牢靠，患者活动后针头脱离输液槽，从而发生渗漏及输液障。

（4）回抽有血性液体，可能为发生渗漏后，致局部组织水肿、毛细血管破裂。大力回抽后抽出的血性液体为输注的液体与少量组织渗出液的混合液。

五、经验与体会

预防措施如下。

（1）输液针头插置不当是输液港导管机械性堵塞的原因之一，但仔细检查整个导管系统后可以避免。

（2）插置针头时选择合适型号的针头，确保针头长度足够刺入输液槽。重新插入针头时要保证回抽血液通畅、输液无阻力。

（3）输液针头应固定、牢靠，指导患者适度限制置输液港侧肢体活动。

（4）一旦发生输液不畅或输液后渗漏，回抽无回血等输液港堵塞的表现，要明确堵塞原因。行血管超声检查、胸部X线检查等，排除导管内纤维蛋白鞘、血栓形成及药物存积等内在因素堵塞导管，无导管扭曲、分离、破裂等外在因素，要考虑输液针头插置不当或脱离输液槽的可能性。

（5）本例易导致误诊的原因是回抽有少量"血性液体"，回抽血液要顺畅、血液颜色暗红等可协助判断，必要时行回抽液体检验，多可确定。

（6）行输液港底座囊袋制作时，表层组织厚度不可过厚，特别对于肥胖患者，以免插置针头时针头与输液座隔膜间距过大，针头不能到达输液槽内。

（李洪胜　韩国栋）

案例十六　输液港植入术后发现导管打折的处理

一、病例资料

男性患者，49岁。诊断为肺癌。

二、输液港相关资料

(一) 置管日期及术式

于 2020 年 6 月 4 日在局部麻醉下经左侧贵要静脉置管输液港植入术。

(二) 输液港具体情况

患者于 2020 年 5 月行右侧肺癌切除手术，术后拟行化疗。患者有心脏病史。6 月 4 日，患者签字同意行上臂输液港植入术。因患者坚持以后要打乒乓球，故选择左侧贵要静脉置港。术前使用体外测量法，送入导管约 40 cm。术中第 1 次导管送入颈内静脉，退管后重新送管顺利，回抽有回血，推注生理盐水无阻力。监测腔内心电图时，其结果与体表心电图的一致，导管多次送入至 50 cm，均无 P 波变化。通过 B 超检查颈内静脉无异常。保留导管 40 cm 连接港体，缝合切口。术毕无菌保留输液港套件内的导丝及连接扣。借助 B 超检查，查看胸前腋静脉，结果显示双导管影（图 11-33）。立即陪同患者到放射科行胸部 DR 正位片检查，结果显示导管在胸前腋静脉和锁骨下静脉内呈"S"形，导管尖端位于锁骨下静脉（图 11-34）。

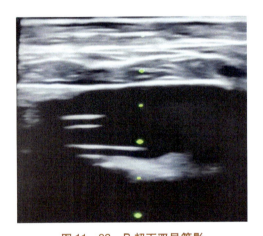

图 11-33 B 超下双导管影

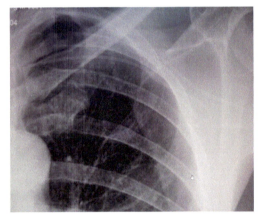

图 11-34 胸部 DR 正位片示导管呈"S"形

三、处理方法

(1) 医护商讨导管调整方案。先用导丝调整，必要时在 DSA 下调整。

(2) 重新消毒术区，剪开缝线，从囊袋内取出港体。

(3) 退出导管至 10 cm，退管过程应确保导管在血管内。

(4) 用止血钳小心分离连接扣和港体。

(5) 将无菌导丝送入导管，支撑导管后重新送管。

(6) 持续监测的心腔内电图，出现 P 波高尖变化。

(7) 通过 B 超查看胸前腋静脉，结果无异常。

(8) 术中拍摄 DR 正位片，结果显示导管位置正常。

(9) 退出导丝，剪去导管 1 cm，连接扣连接港体，缝合切口。

四、经验与体会

（1）在腔内心电图无异常表现时，尽量退管至腋静脉，退管过程应确保导管在血管内，再重新送管。

（2）在术中使用B超检查可能异位的导管，尽早发现问题。

（3）在怀疑导管有可能异常的情况下，保护好无菌物品。避免感染的发生。

（4）若条件允许，尽可能在DSA下行输液港植入术。

（胡丽娟　吴红）

案例十七　特殊乳腺癌患者的输液港的处理

一、双侧乳腺癌患者选择输液港的手术方式及注意事项

输液港的置管部位包括颈内静脉、锁骨下静脉、腋静脉、贵要静脉、肱静脉、股静脉等。

对于乳腺癌的外科治疗，常用保乳术和全乳切除术。双侧乳腺癌的患者植入输液港时，植入侧首选保乳手术侧，这样不至于植入输液港后产生移位、翻转；但如果双侧均行全乳切除术，在有条件的中心可以优先考虑选择上臂输液港植入。植入上臂输液港原则上应避开行腋窝清扫的患侧，因为此处有可能在术后需要放疗或者可能发生上肢淋巴水肿，进而影响治疗效果。而对于尚未开展上臂输液港植入手术的医院，胸壁港植入首选右侧，囊袋的位置建议在锁骨下2～3横指处，此处通常亦是全乳切除的上界。在切乳操作时，注意不超过此界限。若不慎将切乳的上界上移，则在植入输液港时将其囊袋下界用丝线缝合，以避免输液港的移位或翻转。囊袋深度为0.5～1.0 cm，不宜超过胸大肌浅筋膜。

二、乳腺癌患者手术侧行输液港植入术的注意事项

（1）乳腺腺体已切除干净为准，上界一般位于锁骨下2～3横指处，术中只要稍加留意便可发现腺体边界的移行组织。

（2）制作输液港囊袋时，如果穿透至手术野或者与术野的间隔薄弱，需要用缝线进行加固，否则容易引起输液港移位。

（3）输液港植入前操作应注意无瘤原则，乳腺癌肿在术中不能切开直接暴露于术野，否则容易引起癌细胞种植。在移除乳腺标本后，常规使用灭菌注射用水冲洗手术野。

（4）乳腺手术切口缝合妥当后用无菌敷料保护好，输液港植入时重新进行相应部位的消毒铺巾，这种做法更容易把握无菌原则。

三、乳腺癌术中行术侧输液港植入术的流程及注意事项

乳腺癌术中行输液港植入术，患者仍处于麻醉状态，可以增加舒适感。一般情况下，建议先完成乳腺癌手术，重新消毒铺巾后再完成输液港手术。这种操作顺序可以更好地把握无瘤原则与无菌原则。

术中行术侧输液港植入术的流程如下。

（1）按计划先完成乳腺癌手术，术毕关闭胸壁切口并且用无菌敷料保护好。

（2）对输液港植入相应手术部位进行消毒铺巾。

（3）按输液港植入的规范程序行输液港植入术。

（4）术毕，可以行床边拍片，检查输液港位置是否需要调整；亦可以通过腔内心电图观察 P 波变化，从而判断输液港导管的位置。

术中行术侧输液港，需要注意的事项如下。

（1）严格遵守无瘤原则与无菌原则。

（2）输液港囊袋的制作要留意下极是否与胸壁术野连通或间隔薄弱，如果存在这种情况，应该给予加固。

（3）输液港手术完成前要调整好位置，通过床边胸片或心电极等手段进行判断，避免患者返回病房后再次调整输液港。

四、乳腺癌患者术侧输液港植入术后留置期间出现淋巴回流障碍的处理

乳腺癌患者输液港植入术入路常选用健侧颈内静脉、锁骨下静脉、贵要静脉、肱静脉等。行输液港植入手术并不造成上肢淋巴回流障碍。术侧输液港植入术后留置期间出现上肢淋巴回流障碍者，多由乳腺癌患者行腋窝淋巴结清扫和或腋窝放疗引起。对于此类患者，需要完善上肢、颈部血管彩色多普勒超声检查。对于彩超难以评估的锁骨下静脉，可采用 CTA 检查，排除静脉血栓引起的上肢水肿。确定上肢淋巴结回流障碍或淋巴水肿的患者需要积极治疗，且往往需要终身的治疗。

上肢淋巴结水肿治疗手段包括非手术治疗和手术治疗。

（1）非手术治疗首选综合消肿治疗（complex decongestive therapy，CDT），这是目前被认定为乳腺癌上肢淋巴水肿国际护理标准治疗方案，包含 4 个部分和 2 个阶段。4 个部分依次为徒手淋巴导液（manual lymphatic drainage，MLD）、加压治疗（compression therapy）、运动锻炼（exercises）及细致皮肤护理（meticulous skin care）。2 个阶段为：第 1 阶段为门诊治疗，包括 4 周徒手淋巴导液、加压绷带压迫、功能锻炼指导和皮肤指甲护理；第 2 阶段为家庭护理，继续自我皮肤护理和运动锻炼，自我按摩，白天佩戴弹力套袖，夜间更换加压绷带。其他非手术治疗方案有药物干预、水疗、低剂量激光照射、微波理疗、针灸及艾灸等，效果不尽相同。

（2）手术治疗方案有切除减容术、淋巴静脉吻合术（lymphatic venousan astomosis，LVA）、淋巴结移植术、淋巴管旁路术等。其中，LVA 手术创伤小、疗效较确切，是目前主流的手术方案。

（徐泰　范苑林）

参考文献

[1] 袁玲，刑红. 中心静脉通路穿刺引导及尖端定位技术及尖端定位技术［M］. 南京：凤凰科学技术出版社，2019.

[2] 姜玉新，冉海涛. 医学超声影像学［M］. 2版. 南京：凤凰科学技术出版社，2016.

[3] 赵林芳，胡红杰. 静脉输液港的植入与管理［M］. 北京：人民卫生出版社，2019.

[4] 蔡氓，高凤莉. 导管相关性感染防控最佳护理实践专家共识［M］. 北京：人民卫生出版社，2018.

[5] 刘伟夫，余文昌，张孔志，等. 数字减影血管造影引导下完全植入式输液港在乳腺癌患者中的应用［J］. 临床合理用药，2018，11（34）：138-139.

[6] 饶南燕，金亮，陈丽莉，等. 乳腺癌患者皮下植入式静脉输液港安全性及并发症相关因素：单中心2185例分析［J］. 中华普通外科杂志，2015，30（11）：889-892.

[7] 余宏建，阮继银，陈在中，等. 经右侧颈内与锁骨下静脉入路植入静脉输液港的比较研究［J］. 四川医学，2016，37（11）：1263-1266.

[8] 中心静脉通路上海协作组. 完全植入式输液港上海专家共识（2019）［J］. 介入放射学杂志［J］. 2019，28（12）：1123-1128.

[9] 陈新，黄宛. 临床心电图学［M］. 北京：人民卫生出版社，2009.

[10] DI CARLO I，ROBERTO B. 完全植入式静脉输液港：中长期临床应用与管理［M］. 罗艳丽，杨轶，译. 北京：科学出版社，2019.

[11] 韦文姜，李立恒，杜瑜丹，等. 静脉输液港植入全程"可视化"的优势［J］中国临床医学影像杂志，2019，30（5）：355-359.

[12] 蒋晓东，余超. 数字减影血管造影引导下植入静脉输液港在恶性肿瘤患者化疗中的应用［J］. 复旦学报（医学版），2015，42（6）：771-775.

[13] 李晨，刘建，王秀平. DSA引导完全植入式静脉输液港放置技术的探讨［J］徐州医学院学报，2016，36（10）：694-696.

[14] 李英，贾海明，李宗龙，等. 输液港导管脱落至右心房1例报道并文献复习［J］中国现代医生，2019，57（27）：135-137.

[15] 张伟. 腹部切口脂肪液化临床护理干预［J］. 临床研究，2018，26（1）：141-142.

[16] 陈淳，陈洁冰，吴丽容，等. 3种方法处理剖宫产术后腹部切口脂肪液化的效果比较及护理［J］. 现代临床护理，2018，17（10）：45-48.

[17] 吴翔，韩忠霖，李荣梅，等. 腔内心电图P波形态变化与三向瓣膜式中心静脉导管尖端位置判断［J］. 中华心律失常学杂志，2017，21（5）：392-396.

[18] 陈霞，蒋秀美，陈晓燕，等. 腔内心电图定位技术在完全植入式输液港技术中的应用及效果［J］. 中国实用护理杂志，2018，34（26）：2047－2051.

[19] 郭玲，秦英，王国蓉，等. 成人中心静脉置管腔内心电图稳定性及影响因素研究［J］. 中华护理杂志，2015，50（6）：724－727.

[20] 周青，江智霞，代永娅，等. 特征性P波在腔内心电图引导PICC尖端定位中的应用研究进展［J］. 护理研究，2020，34（4）：641－648.

[21] 黄薛菲，薛幼华，陆建，等. 不同路径植入静脉输液港及其并发症的研究进展［J］. 解放军护理杂志，2017，34（14）：49－51.

[22] 胡丽娟，崔璀，吴钢，等. 不同方式腔内心电图定位技术在经上臂静脉植入输液港中的应用研究［J］. 中华护理杂志，2019，54（3）443－446.

[23] 李曼，盛一平，谢伟群，等. 静脉输液港在我国的应用现状研究［J］. 浙江医学，2016，38（11）：896－897.

[24] 徐雅萍，周光，钟延法，等. 导管相关性血行感染的病原菌分析［J］. 中华医院感染学杂志，2006，16（9）：1015－1017.

[25] 李晓明，刘苹，张波. 创面敷料的研究现状［J］. 重庆医学，2017，46（20）：121－123.

[26] 徐良恒，何黎. 生物敷料的原理、种类及应用［J］. 皮肤病与性病，2013，35（3）：28－30.

[27] 庄欢，谢剑如. 腹部手术切口脂肪液化的原因与防治［J］. 实用临床护理学杂志，2018，3（3）：86－87.

[28] 贺镜婷，朱明芝. 完全植入式静脉输液港并发症及干预对策［J］. 中西医结合护理，2018，4（6）：197－200.

[29] 瓦伦丁，温德. 血管局部解剖及手术入路［M］. 2版. 樊菁，王玲，译. 西安：世界图书出版西安有限公司，2012.

[30] 吴玉芬，杨巧芳. 静脉输液治疗专科护士培训教材［M］. 北京：人民卫生出版社，2018.

[31] 美国静脉输液护理学会. 输液治疗护理杂志［S］. 中华护理学会，编译，2016.

[32] 徐波，耿翠芝. 肿瘤治疗血管通道安全指南［M］. 北京：中国协和医科大学出版社，2015.

[33] 黄建，王晓晨，于秀艳. 植入式静脉输液港（浙江）临床应用多学科专家共识［J］. 实用肿瘤杂志，2018，33（1）：17－24.

[34] 刘运江，屈翔，葛智成，等. 乳腺癌植入式静脉输液港临床应用专家共识及技术操作指南（2017版）［J］. 中国实用外科杂志，2017，37（12）：1377－1382.

[35] STANGDING S，徐群渊. 格氏解剖学［M］. 39版. 北京：北京大学医学出版社，2008.

[36] 区咏仪，陈小林. 乳腺癌化疗患者植入式静脉输液港相关并发症的研究［J］. 临床研究，2013，50（6）：71－72.

[37] 赵阳军，王仕英，郭香娣. 藻酸盐敷料用于腹部切口脂肪液化换药的效果观察

[J]. 护理与康复, 2012, 11 (3): 249-250.

[38] 曹勇, 刘丽萍. 妇科腹部术后切口脂肪液化相关因素回顾性研究 [J]. 现代医药卫生, 2018, 34 (19): 3058-3060.

[39] 邢雷, 刘洪, 石果, 等. 植入式静脉输液港导管异位的安全性探讨 [J]. 中华乳腺病杂志, 2017, 11 (2): 83-86.

[40] 石岚, 刘桂凤. 植入式静脉输液港在乳腺癌患者中的应用 [J]. 当代护士 (中旬刊), 2015, (4): 127-129.

[41] 徐海萍, 周琴, 韩伟, 等. 手臂输液港与胸壁输液港常见并发症发生率比较的Meta分析 [J]. 中华护理学杂志, 2018, 53 (3): 352-357.

[42] 张进泓, 罗凤. 3380例乳腺癌患者放置完全植入式静脉输液港化疗的并发症分析 [J]. 中华乳腺病杂志, 2019, 13 (6): 350-355.

[43] 陶岚, 宁宁. 藻酸盐敷料治疗手术切口脂肪液化的效果. [J]. 中华现代护理杂志, 2010, 16 (22): 2641-2643.

[44] 陈凤琴, 潘岐作, 冯礼浓. 经股静脉植入输液港在上腔静脉压迫综合征患者中的应用与护理 [J]. 护理实践与研究, 2018, 15 (4): 115-116.

[45] 马雪玲, 王玉珏. 藻酸盐敷料应用于肿瘤术后伤口脂肪液化的效果观察及其影响因素 [J]. 广东医学, 2018, 39 (19): 2995-2998.

[46] NETTER F H. 奈特人体解剖彩色图谱 [M]. 3版. 王怀经, 译. 北京: 人民卫生出版社, 2005.

[47] 李辉, 季成叶, 宗心南, 等. 中国0~18岁儿童、青少年身高、体重的标准化生长曲线 [J]. 中华儿科杂志, 2009, 47 (7): 487-492.

[48] DAWN C S, LAURL M. 肿瘤通路装置护理实践标准 [C]. 中华护理协会安宁疗护专业委员会, 编译. 美国匹兹堡: 美国护理协会, 2018.

[49] 王寅欢, 陈显春, 曾令娟, 等. 乳腺癌患者植入静脉输液港并发症原因分析及护理对策 [J]. 齐鲁护理杂志, 2016, 22 (16): 68-70.

[50] 王华摄, 陈永和, 刘爱红, 等. 皮下置入式静脉输液港在胃肠肿瘤患者化疗中的并发症分析 [J]. 中华胃肠外科杂志, 2017, 20 (12): 1393-1398.

[51] 浙江省植入式静脉输液港协作组. 植入式静脉输液港 (浙江) 临床应用多学科专家共识 [J]. 实用肿瘤杂志, 2018, 33 (1): 17-24.

[52] 中心静脉血管通路装置安全管理专家组. 中心静脉血管通路装置安全管理专家共识 (2019版) [J]. 中华外科杂志, 2020, 58 (4): 261-272.

[53] 国际血管联盟中国分会, 中国老年医学学会周围血管疾病管理分会. 输液导管相关性静脉血栓形成防治中国专家共识 (2020版) [J]. 中国实用外科杂志, 2020, 40 (4): 377-383.

[54] 董元鸽, 陆箴琦, 杨瑒. 贝伐单抗所致伤口愈合并发症的研究进展 [J]. 中国实用护理杂志, 2015, 31 (16): 1246-1248.

[55] 吴军, 王婧, 曹邦伟. 抗肿瘤血管生成药物不良反应的发生机制及处理 [J]. 医学综述, 2016, 22 (16): 3154-3157.

[56] 陈丽莉,何惠燕,毛晓群. 乳腺癌患者应用植入式中心静脉输液港的常见问题与对策[J]. 中华护理杂志,2011,46(11):1116-1117.

[57] 付小兵. 伤口愈合的新概念[J]. 中国实用外科杂志,2005,25(1):29-34.

[58] 周媛,周倩. 肿瘤患者植入式并发症的处理[J]. 临床医药文献杂志,2015,(3):1335.

[59] 刘俊青,邱怀玉,胡敏蝶,等. 肿瘤患者应用输液港致静脉血栓的影响因素分析[J]. 护理实践与研究,2018,15(12):25-26.

[60] 王伟,刘淑华,吕雪冬,等. 碘伏治疗20例术后脂肪液化切口的护理体会[J]. 中国现代药物应用,2013,7(5):117-118.

[61] 谢琼,蔡敏,方少梅,等. 植入式静脉输液港在肿瘤患者中的研究进展[J]. 现代临床护理,2018,17(1):64-68.

[62] 陈莉,罗凤,蔡明. 植入式静脉输液港并发症及处理的研究进展[J]. 中华乳腺病杂志,2017,11(2):102-105.

[63] 王黎明,张帅,李兴,等. 植入式静脉输液港相关感染并发症风险因素分析[J]. 介入放射学杂志,2016,25(11):949-953.

[64] 高姗,林江,李福琴,等. 完全植入式静脉输液港相关感染的危险因素[J]. 中国感染控制杂志,2018,17(9):815-818.

[65] 江湖,林熹,江晓媛,等. 完全植入式静脉输液港封管液的应用研究进展[J]. 护士进修杂志,2016,31(10):881-883.

[66] 余志华,韩宏伟,程光辉,等. 锁骨下静脉穿刺致47例气胸原因分析[J] 介入放射学杂志[J]. 2017,26(11):975-977.

[67] LEBEAUX D, FERNANDEZ-HIDALGO N, CHAUHAN A, et al. Management of infections related to totally implantable venous-access ports: challenges and perspectives [J]. The lancet infectious diseases, 2014, 14 (2): 146-159.

[68] BRAUN U, LORENZ E, WEIMANN C, et al. Mechanic and surface properties of central-venous port catheters after removal: a comparison of polyurethane and silicon rubber materials [J]. Journal of the mechanical behavior of biomedical materials, 2016, 64: 281-291.

[69] KUPPUSAMY T S, BALOGUN R A. Unusual placement of a dialysis catheter: persistent left superior vena cava [J]. American journal of kidney diseases, 2004, 43 (2): 365-367.

[70] JANG Y S, KIM S H, LEE D H, et al. Hemodialysis catheter placement via apersistent left superior vena cava [J]. Clinical nephrology, 2009, 71 (4): 448-450.

[71] JIHANE K, BADR B, HANAN E, et al. Venous thromboembolism in cancer patients: an underestimated major health problem [J]. World journal of surgical oncology, 2015, 13 (1): 204.

[72] KHORANA A A, FRANCIS C W, CULAKOVA E, et al. Frequency, risk factors, and trends for venous thromboembolism among hospitalized cancer patients [J]. Canc-

er, 2007, 110 (10): 2339 - 2346.

[73] MEREL L A, ALLON M, BOUZA E, et al. Clinical practice guidelines for the diagnosis and manngement of intravascular catheter-related infection: 2009 update by the infectious diseases society of America [J]. Clinical infectious diseases, 2009, 49 (1): 1 - 45.

[74] BOLTON D. Preventing occlusion and restoring patency to central venous catheters [J]. British journal of community nursing, 2013, 18 (11) : 542 - 544.

[75] BASKIN J L, REISS U, WILIMAS J A, et al. Thrombolytic therapy for central venous catheter occlusion [J]. Haematologica, 2012, 97 (5) : 641 - 650.

[76] AN H, RYU C G, JUNG J, et al. Insertion of totally implantable central venous access devices by surgeons [J] Annals of coloproctology, 2015, 31 (2): 63 - 67.

[77] MA L, LIU Y P, WANG J X, et al. Totally implantable venous access port systems and associated complications: a single-institution retrospective analysis of 2996 breast cancer patients [J]. Molecular and clinical oncology, 2016, 4 (3): 456 - 460.

[78] GOLTZ J P, JANSSEN H, PETRITSCH B, et al. Femoral placement of totally implantable venous power ports as an alternative implantation site for patients with central vein occlusions [J]. Support care cancer, 2014, 22 (2): 383 - 387.

[79] CHEN S Y, LIN C H, CHANG H M, et al. A safe and effective method to implant a totally implantable access port in patients with synchronous bilateral mastectomies: modified femoral vein approach [J]. Journal of surgery oncology, 2008, 98 (3): 197 - 199.

[80] YOON S Z, SHIN T J, KIM H S, et al. Depth of a central venous catheter tip: length of insertionguidelinefor pediatric patients [J]. Acta anaesthesiologica scandinavica, 2006, 50 (3): 355 - 357.

[81] ANDREWS R T, BOVA D A, VENBRUX A C. How much guidewire is too much? Direct measurement of the distance from subclavian and internal jugular vein access sites to the superior vena cava-atrial junction during central venous catheter placement [J]. Critical care medicine, 2000, 28 (1): 138 - 142.

[82] TSURUTA S, GOTO Y, MIYAKE H, et al. Late complications associated with totally implantable venous access port implantation via the internal jugular vein [J]. Supportive care in cancer, 2020, 28 (5): 2761 - 2768.

[83] ZHANG P, DU J, FAN C S, et al. Utility of totally implantable venous access ports in patients with breast cancer [J]. The breast journal, 2020, 26 (2): 333 - 334.

[84] FISCHER L, KNEBEL P, SCHRÖDER S, et al. Reasons for explantation of totally implantable access ports: a multivariate analysis of 385 consecutive patients [J]. Annals of surgical oncology, 2008, 15 (4) : 1124 - 1129.

[85] KIM J T, OH T Y, CHANG W H, et al. Clinical review and analysis of complications of totally implantable venous access devices for chemotherapy [J]. Medical oncology,

2012, 29 (2): 1361-1364.

[86] ZHANG P, DU J, FAN C S, et al. Utility of totally implantable venous access ports in patients with breast cancer [J]. The breast journal, 2020, 26 (2). 333-334.

[87] CHIBA H, ENDO K, IZUMIYAMA Y, et al. Usefulness of a peripherally inserted central catheter for total parenteral nutrition in patients with inflammatory bowel disease [J]. Nihon shokakibyo gakkai zasshi, 2017, 114 (9): 1639-1648.

[88] DONGARA B A, PATEL D V, NIMBALKAR S M, et al. Umbilical venous catheter versus peripherally inserted central catheter in neonates: a randomized controlled trial [J]. Journal of tropical pediatrics, 2017, 24 (2): 41-45.

[89] HASHIMOTO Y, FUKUTA T, MARUYAMA J, et al. Experience of peripherally inserted central venous catheter in patients with hematologic diseases [J]. Internal medicine, 2017, 56 (4): 389.

[90] KANG J, CHEN W, SUN W, et al. Peripherally inserted central catheter—related complications in cancer patients: a prospective study of over 50 000 catheter days [J]. The journal of vascular access, 2017, 35 (2): 35-39.

[91] KAO C Y, FU C H, CHENG Y C, et al. Outcome analysis in 270 radiologically guided implantations of totally implantable venous access ports via basilic vein [J]. Journal of the Chinese Medical Association, 2020, 83 (3): 295-301.

[92] NAKAZAWA N. Challenges in the accurate identification of the ideal catheter tip location [J]. Journal of the Association for Vascular Acces, 2010, 15 (4): 196-200.

[93] STORM E S, MILLER D L, HOOVER L J, et al. Radiation doses from venous acceas procedures [J]. Radiology, 2006, 238 (3): 1044-1050.

[94] BASKIN K M, JIMENEZ R M, CAHILL A M, et al. Cavoatrial junction and central venous anato-my: implications for central venous access tip position [J]. Journal of vascular and inerventional radiology, 2008, 19 (3): 359-365.

[95] THOMPSON R W, PETRINEC D, TOURSARKISSIAN B. Surgical treatment of thoracic outlet compression syndromes: II. supraclavicular exploration and vascular reconstruction [J]. Annals of vascular surgery, 1997, 11 (4): 442-451.

[96] ZHOU L, XU H, LIANG J, et al. Effectiveness of intracavitary electrocardiogram guidance in peripherally inserted central catheter tip placement in neonates [J]. Journal of perinatal and neonatal nursing, 2017, 31 (4): 321-331.

[97] KONDO T, MATSUMOTO S, DOI K, et al. Femoral placement of a totally implantable venous access port with spontaneous catheter fracture: case report [J]. CVIR endovasc, 2020, 3 (1): 2.

[98] CHERKASHIN M, BEREZINA N, PUCHKOV D, et al. Femoral access for central venous port system implantation [J]. Cureus, 2018, 10 (3): e2327.

[99] KO S Y, PARK S C, HWANG J K, et al. Spontaneous fracture and migration of catheter of a totally implantable venous access port via internal jugular vein: a case report

[J]. Journal of cardiothorac surgery, 2016, 11: 50.

[100] KATO K, IWASAKI Y, ONODERA K, et al. Totally implantable venous access port via the femoral vein in a femoral port position with CT-venography [J]. Journal of surgical oncology, 2016, 114 (8): 1024 – 1028.

[101] ALMASI-SPERLING V, HIEBER S, LERMANN J, et al. Femoral placement of totally implantable venous access ports in patients with bilateral breast cancer [J]. Geburtshilfe frauenheilkd, 2016, 76 (1): 53 – 58.

[102] TONAK J, FETSCHER S, BARKHAUSEN J, et al. Endovascular recanalization of a port catheter-associated superior vena cava syndrome [J]. Journal of vascular access, 2015, 16 (5): 434 – 436.

致 谢

本书的编辑出版得到广州医科大学临床重点专科建设项目（项目编号：202005）的支持，谨此表示感谢。